径向井压裂裂缝起裂扩展规律与产能预测

龚迪光　著

U0264094

中国石化出版社

图书在版编目(CIP)数据

径向井压裂裂缝起裂扩展规律与产能预测 / 龚迪光
著 . —北京：中国石化出版社，2019.9
ISBN 978-7-5114-5510-9

Ⅰ.①径… Ⅱ.①龚… Ⅲ.①油气钻井-水平井-水
力压裂-裂纹扩展-产能预测 Ⅳ.①TE243②TE357.1

中国版本图书馆 CIP 数据核字（2019）第 186414 号

中国石化出版社出版发行
地址:北京市东城区安定门外大街 58 号
邮编:100011 电话:(010)57512500
发行部电话:(010)57512575
http://www.sinopec-press.com
E-mail:press@sinopec.com
北京科信印刷有限公司印刷
全国各地新华书店经销
＊
850×1168 毫米 32 开本 5.25 印张 152 千字
2019 年 9 月第 1 版 2019 年 9 月第 1 次印刷
定价:35.00 元

前　　言

　　径向井与水力压裂技术结合作为油气田新兴增产手段已在中国江苏、胜利、辽河等油田开展实施并取得了可喜成绩。目前，国内外对于径向井压裂裂缝起裂扩展规律与产能预测研究尚未见报道，该技术急需理论支撑。认清径向井水力压裂裂缝起裂规律和裂缝扩展形态对油气井产能的影响规律，对合理优化径向井的完井参数和压裂方案设计，以及准确预测径向井水力压裂后的产能具有重要意义。

　　为深入认识径向井井眼内压力分布规律，本书在质量守恒定律、动量守恒定律的基础上，考虑了幂律流体的黏性和可压缩性，建立了径向井中压力波传递速度数学计算模型。通过物理实验(时差法)对数学模型进行了验证，并分析了不同性能参数对压力波速的影响规律。研究结果表明，压力波瞬间传达至径向井趾端，此结论可作为后续起裂建模中径向井内前置液压力设计的理论依据。

　　以有限元计算软件 Abaqus 为平台，考虑岩体流-固耦合效应和带有初始应力的直井段与径向井岩块钻井移除引起的应力集中现象，建立了三维径向井起裂分析模型。分别研究了正断层地应力机制以及走滑断层地应力机制情况下，七种因素对径向井起裂压力和起裂位置影响。研究结果显示：正断层地应力机制下，随着径向井方位角、储层渗透率、岩石杨氏模量的增加和径向井孔长、孔径、水平地应力差值及岩石泊松比的减小，起裂压力逐步增加，反之亦然；随着水平地应力差的增加，最有可能在径向井趾端产生易起裂区，其他因素次之。走滑断层地应力机制下，随着径向井孔长、孔径、径向井方位角、储层渗透率、岩石杨氏模量的增加和水平地应力差、岩石泊松比的减小，起裂压力逐步增加，反之亦然；随着水平地应力差的增加，有可能在径向井趾端产生易起裂区，其他因素次之。无论正断层地应力机制还是走滑断层应力机制，在所研究参数范围内，起裂点的位置始终位于近直井井筒的附近。

在扩展有限元理论基础上，考虑流-固耦合效应和径向井对水力裂缝的引导干扰作用，对单径向井引导水力压裂以及多孔径向井引导水力压裂裂缝的扩展过程进行了三维数值模拟。对于单孔径向井水力压裂模型来说，不同因素对径向井引导水力裂缝的影响能力由大至小的顺序为：水平地应力差值、径向井方位角、径向井孔径、径向井孔长、压裂液排量、岩石杨氏模量、储层渗透率、压裂液黏度、岩石泊松比；对于多孔径向井水力压裂模型来说，各因素引导水力裂缝的影响能力由大至小的顺序为：径向井方位角、压裂液排量、水平地应力差、岩石杨氏模量、压裂液黏度、径向井井径、径向井间距、储层渗透率、径向井长度、岩石泊松比；通过垂向上科学地布置径向井排，的确可以产生相比单孔径向井更强的引导力，使水力裂缝沿着有利区域扩展。

对不同参数下，单径向井和多孔径向井水力压裂裂缝产能进行了预测与评价。分析结果显示：在相同参数条件下，多孔径向井相比单孔径向井引导水力裂缝效果更明显，产能更高；对单孔径向井水力压裂模型，同一因素，水平的改变导致累产变化幅度由大至小依次为：径向井孔长、径向井方位角、径向井孔径、压裂液排量、水平地应力差、压裂液黏度、储层渗透率、岩石泊松比、岩石杨氏模量。对于多孔径向井水力压裂模型，同一因素，水平的改变导致累产变化幅度由大至小依次为：径向井方位角、径向井孔长、压裂液黏度、储层渗透率、压裂液排量、水平地应力差、径向井孔径、岩石泊松比、岩石杨氏模量、径向井间距。引导因子在评价引导效果时，无法考虑水力裂缝与剩余油区域的分布规律，因此，会出现误差，通过产能预测对径向井引导水力裂缝的经济效益进行评价可弥补引导因子评价带来的不足。

本书的出版得益于"西安石油大学优秀学术著作出版基金"的资助。同时，在编写过程中得到了中国石油大学(华东)曲占庆教授、郭天魁副教授，西安石油大学陈军斌教授、曹毅博士、聂向荣博士的指导和帮助，在此表示衷心的感谢。另外，对本书所引用研究资料的著作者和相关研究人员表示感谢，由于篇幅有限，在此不能一一列举，深表歉意。

限于笔者水平，书中难免存在不妥之处，敬请读者批评指正。

目　　录

第1章 概　述

　　径向井在开发低渗透油层、薄油层、裂缝性油层、注水后的"死油区"以及岩性圈闭油藏中体现出了较大优势，国家"九五"期间对该技术进行了系统研究。国内胜利、辽河、长庆等多个油田开展了应用研究，并取得了一定的效果。进一步生产发现，部分径向井完井之后，油气产量并不明显，通过压裂改造的方式进行储层改造便成为一种可行的选择。通过调研发现，径向井压裂技术具有以下几点优点：①压裂后油气井产量提高明显；②施工比较方便，压裂成本相对较低；③施工规模不大，较短的施工时间有助于减小储层的伤害；④径向井 3~5cm 的井眼可针对薄互层开展压裂施工作业。然而，在径向井压裂技术的研究中暴露出很多问题：①尚缺少对径向井压裂过程中，裂缝起裂位置和裂缝扩展形态的相关理论研究；②径向井眼中压裂液压力传递和分布规律尚不确定；③径向井对裂缝形态的影响规律以及裂缝形态对径向井产能的影响规律尚不清楚。

　　随着研究的不断深入，研究发现，径向井(本书若无特殊说明，径向井皆指径向水平井)在水力压裂过程中对水力裂缝具有一定的引导作用，尤其是多个径向井组成径向井井排，其引导水力裂缝向目标区域扩展的效果较明显。那么，就需要建立一种研究径向井裂缝起裂机理和裂缝扩展的数值模拟方法，对径向井/径向井井排压裂裂缝起裂与扩展规律展开系统的理论研究。在此基础上，分析不同因素(储层参数、井眼参数、施工参数)对水力裂缝起裂压力与起裂位置的影响规律；对水力裂缝扩展的影响规律；对油气井产能的影响规律。通过揭示径向井起裂机理，明确裂缝起裂位置和起裂压力大小，明确不同参数下水力裂缝的扩展形态和径向井对水力裂缝的引导能力，预测径向井压裂后产能大小，明确影响径向井产能的主要因素，进而揭示不同参数对径向井产能的影响规律。通过径向井压裂裂缝起裂扩展规律与产能预测研究，为径向井压裂技术提供理论依据，这既具有重要的学术意义，又具有重要的矿场生产实用价值。

1.1　国内外研究现状

1.1.1　径向水平井联合压裂作业技术研究现状

径向水平井全称叫超短半径径向水平井(The Ultra‐short Radius Radial System，简称 URRS)是指曲率半径远小于常规水平井的一种水平井，径向井水平井大多以水力喷射和钻孔形成井眼(见图 1-1)，长度通常在 20～100m，井眼半径多为 25～50mm。径向水平井相比直井结构，其本身呈水平推进式，可深入产层内部。径向水平井相比常规水平井具有井眼半径小、井长短、裸眼射孔且费用低等特点。

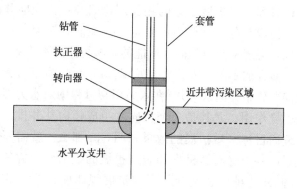

图 1-1　径向水平井井眼示意图

利用径向水平井采油是一种低成本且高效益的剩余油开采技术。国外 20 世纪 70 年代末、80 年代中期，径向水平井钻井技术已开始投入工业试验，80 年代末，该技术已经较为成熟并进入商业应用。开展径向水平井研究工作的有美国的Petrophysics 有限公司和 Bechtel 投资公司等。

目前，国外已钻了上万口径向水平井，部分径向井是在垂直井的相同油层中钻入，部分是在不同油层中钻入。单个垂直井中所钻开层位最多有 5 个，每个层位中钻入的辐射状径向水平井最多可达 20 个，成功地实现了在不同层次钻多个辐射状径向井的技术。对于绝大部分径向井眼，都进行了测井和包括裸眼技术和柔性防砂管技术（径向井眼的衬管）以及双向砾石充填技术的完井措施。依储层情况的不同和结合的相应工艺措施（如注蒸汽）不同，垂直井产能可提高 2~10 倍，平均原油的增产幅度约为 2~4 倍。目前，国外从事径向井技术研究或者拥有该项技术的国家主要有美国、加拿大、澳大利亚、克罗地亚、英国等。

国内从 20 世纪 90 年代初期开始致力于径向水平井钻井技术研究。中国石油大学（华东）、西安石油大学、江汉机械所、吉林石油集团公司、南京航空航天大学、中原油田、辽河石油勘探局等单位都曾单独或联合进行过攻关研究，并自行设计和研制了相应工艺流程、配套工具以及仪器、仪表等设备。并在大直径扩孔工具、转向器系统、自动送钻系统和计算机数据采集技术等方面取得了可喜的突破，并在施工工艺的研究中取得了一定的成果。

2004 年，中国石油大学（华东）在江苏油田韦 5 井（139.7mm套管）井深 1062.98m 处成功的钻出三个分支径向水平井眼。三者总长度达 41.93m，单个井眼最长约为 19.55m。

径向水平井压裂技术是在高压水射流钻出径向水平井的基

础上，进行水力压裂，在径向井井眼附近形成高导流能力的裂缝以增加产油量的技术。目前，该技术在国内外煤层气开发中应用较为广泛。该技术的施工作业流程是先通过水力喷射进行径向钻孔作业，将煤层中较为发育的天然裂缝联系起来，之后再结合水力压裂工艺对储层进行增产改造，提高水力裂缝的条数，增加水力裂缝的长度。2012年，江苏油田径向井压裂开展了两口井的现场初期试验，为了验证效果分别选取了同年压裂的邻井进行对比，发现径向井压裂时裂缝通过这些分支可以沟通更大的油藏动用面积，压裂效果和有效期较常规井要好，同时施工时地层破裂压力明显降低。李春芹针对梁家楼油田108区块储层砂泥岩呈薄互层和低渗的特点，提出了根据主应力方向先进行径向井钻孔，再结合水力压裂联合作业用来提高产量。Michael Patrick Megorden 等提出在煤层中利用径向井来改善和引导压裂后的裂缝几何形态，并取得了一定的成效。2013年，王鹏在文章中介绍了径向水射流射孔辅助压裂技术，针对低渗透油藏存在着层多、层薄储层特征，缝高控制难度大，缝长延伸不出去，不利于地质井网开发的问题，推广应用了径向水射流射孔辅助压裂技术。

目前，国内外对于该技术发表的文献资料较少，在胜利、江苏和辽河油田目前正处于探索阶段，尚未深入开展相关理论研究。为了给这类技术的工艺参数设计和控制提供依据，国内外现急需相应的理论支撑。

1.1.2　压裂液压力传递规律研究现状

径向井压裂过程中，若压裂液中压力波传递速度较快，径向井远端便有起裂的可能，反之，则更有可能在近直井附近起裂。同时，不同压裂液性质差异较大，压力波能量的存储能力和损耗特点有所不同。若径向井远端存在天然裂缝或若胶结层，可以通过压力波传递速度和井筒压力分布判定裂缝起裂点可能位于天然裂缝处还是近井地带。周光泉根据流体弹性力学基本原理，给出了水管中压力波的部分传递规律。Brown 提出液压油中压力波速与黏性频率之间的关系；桥本强二给出液压油中压力波速随流体密度、黏度和压力变化的经验表达式；蔡亦钢对压力波传递速度与流体的黏性阻抗以及传递时间的函数关系进行了验证，认为压力波传递速度与黏性阻抗呈非线性函数关系。上述研究主要是针对液压油中的压力波。Guillaume Vinay 等对输油管道中压力波的传递规律进行了理论研究，给出原油中压力波速与压力以及含蜡量的关系式，认为压力波速与原油压力分布有着直接的关系；Zhang Guozhong 等通过实验方法计算了等温条件下压缩胶凝原油在管道中启动波速，并给出压力波速与压力分布规律之间的关系；上述研究对象主要为输油管道中的原油，与压裂液性质相差较远，无借鉴作用。通过调研发现，压力波速一方面是对压力波传递速度的表征，另一方面，它也与流体类型、黏弹性以及浓度等因素有关，这决定了压力波速是极为重要的一个参数。有关压裂液中压力波的研究尚属空白，压裂液中压力波速的计算方法相关研究更未见报道。不同压裂液性质差异很大，很难通过数学表达式反映出其各自特性对波速的影响规律。针对上述问题，在本书第 2 章将会对常用的幂律流体前置液的波速进行计算，并通过实验方法对目前常用三种压裂液中压力波速进行测量验证，揭示不同因素对压力波传递的影响规律。

1.1.3 水力压裂裂缝起裂压力与起裂位置研究现状

目前，针对定向射孔水力压裂起裂压力的研究较多，研究方法主要分为三种：实验研究法、数值解析法和数值建模法。

一些学者针对裂缝参数对水力压裂效果的影响规律进行了实验研究：R. G. van de Ketterij 等通过实验的方法，研究了大斜度井射孔参数对起裂压力和起裂位置的影响，并通过较简单的应力计算说明了射孔角度对起裂压力和裂缝扩展的影响规律。黄中伟等采用真三轴实验架,对岩样施加三轴应力,通过改变岩样中射孔参数(孔长、孔径、射孔方位角 α 等),考察了不同射孔参数条件下的起裂压力变化规律。T. P. Lhomme 等通过实验方法研究了水平流体(horizontal fluid)对裸眼井段(open - hole section)施加压力产生裂缝的起裂规律,阐述了裂缝起裂与流体渗流机理以及岩石微观结构有直接关系。

部分学者通过数学解析的方法求解定向射孔水力压裂起裂问题。罗天雨等根据套管射孔斜井中钻井井眼与射孔孔眼相交处的应力状态,研究了射孔孔边切应力的计算方法,并分析了存在微环面时的两孔相交处的应力场、破裂压力及起裂方位的计算方法,以及环空胶结严密时两孔相交处破裂压力的计算方法。

朱海燕等推导了套管井井周应力的解析模型,并结合 Hossain 模型和最大拉应力准则,分析了井筒含套管情况下射孔孔眼区域起裂压力与起裂角的变化规律。之后,朱海燕等通过有效应力理论(the effective stress theory),建立了页岩气储层井筒周围起裂压力的计算模型,并分析了地层倾斜角(stratum dip direction)、地应力方位角(in-situ stress azimuth)对起裂压力的影响规律。

还有部分学者借助计算机软件通过数值模拟的方法研究定向射孔水力压裂起裂问题。庄照锋等针对射孔对水力压裂过程中的破裂压力以及裂缝形态的问题,通过建立不同射孔方位和不同远场主应力条件下裂缝扩展模型,研究射孔参数对破裂压力以及裂缝形态的影响规律。Salehi,S 等在有限元理论基础上,建立了流-固耦合数值模型,研究了近井筒区域裂缝的产生和扩展。彭仿俊等采用三维有限元方法对螺旋射孔条件下地层的破裂压力进行了研究,建立了套管完井(考虑水泥环及套管的存在)情况下井筒及地层的三维数值模型。

目前，国内外学者考虑射孔参数与起裂压力的研究成果较多，但针对径向井参数与起裂压力的研究甚少，关于径向井起裂位置的研究成果笔者尚未发现。裂缝起裂压力和起裂位置尚不明确，导致不能有效开展径向井的完井参数和压裂方案设计，无法实现该技术的高效应用。

1.1.4　裂缝扩展的多孔引导方法调研

裂缝导向技术首先是用在了通过静态破碎剂进行破岩的过程中。目前，国内外学者对多孔破碎裂缝导向相关空间受力理论已有很深入研究，但其主要针对的是无地应力作用下的露头岩心或建筑物体。小林秀男在文章中研究了用静力破碎剂破碎岩石时如何控制岩石断裂面方向的方法，其研究认为，若孔眼的轴心面为主应力面，则在膨胀压力的作用下，会在孔眼轴心面方向上产生较强的应力叠加，孔眼轴心面经过的井壁区域所受拉应力最大，更易于在此区域发生断裂。李忠辉等也研究了控制裂缝延伸方向的多孔引导方法。其通过布置钻孔孔距、孔深和倾度来控制裂缝的方向。通过科学合理地布置破碎孔的距离和角度，相邻破碎孔就会将产生的裂缝连接起来，可对自由面条件不理想的被破碎体进行作业，达到较理想的效果。当破碎孔间的距离合适时，相邻的孔所产生的裂缝将会以互相连接的形式发展，如果适当的设计钻孔间距以及钻孔角度，还可以对临空面条件较差的被破碎体实施有计划的碎破。

魏炯等研究了一种爆破损伤的数值模拟系统，并用有机玻璃试样模拟研究了两炮孔同时起爆时，孔眼周围裂纹的萌生、扩展过程，揭示了无导向孔情况、有一个圆形导向孔情况以及有一个带切割槽导向孔情况下的裂纹的扩展规律，证实了给装药孔间开挖带切割槽的导向孔对控制裂纹扩展具有一定的效果。刘勇等研究了在井筒中添加一定数量的导向射孔，再通过高压水射流对煤层进行开槽，迫使裂纹尖端周围的剪切破坏区域产生裂纹，然后通过压裂施工，引导形成新的裂缝形态。

夏彬维在文章中提出水力压裂裂缝导向方法，采用高压水射流割定向缝导向裂缝起裂及扩展。在压裂孔周边合理布置导向钻孔，通过水射流割缝的作用，致使孔眼周围形成连续的塑性区域，水力裂缝将会在塑性区域的连接线上进行扩展。虽然上述方法提到的水力压裂技术不同于油田，而且不考虑地应力条件，同时导向目的也与课题研究目标不同，但却为本课题研究提供了借鉴思路。

在水力压裂裂缝导向技术方面，目前国内外主要用于矿场，方法基本类似。国内外目前研究领域局限于使用定向射孔方式引导水力裂缝扩展：朱海燕等建立了一种定向射孔水力裂缝起裂预测模型，并得到了套管井孔周围应力分布的解析解，分析了定向射孔对水力裂缝起裂压力和裂缝形态的影响规律。

姜浒等利用真三轴水力压裂实验装置系统地分析了定向射孔参数与裂缝起裂位置、起裂压力以及裂缝扩展形态的关系，认为定向射孔方向与最大水平地应力方向的夹角以及远场水平地应力的差值都会影响到裂缝的起裂部位和整体形态。

雷鑫等利用真三轴水力压裂模拟实验装置研究了不同射孔数量、射孔间距、射孔深度及水平应力差条件下水力压裂裂缝起裂与扩展规律，认为增加射孔数量有助裂缝沿射孔的方向扩展，并认为低水平应力差和较小的射孔间距产生的缝间干扰会导致裂缝在扩展的过程中发生偏转。

Fallahzadeh，SH 等通过致密砂岩水力压裂实验研究发现，井筒和射孔不是独立的参数，它们共同影响着致密地层起裂机制。并认为射孔会影响近井地带水力裂缝的几何形态。

张广清通过物理实验等方式得到了岩石力学参数，并在此基础上建立三维弹塑性有限元数值模型。研究结果表明，定向射孔起裂方式受邻近孔眼应力干扰效果明显。而水力裂缝的扩展形态主要取决于三个因素：射孔方位角、最大主应力方向以及水平地应力差值。

之后，陈勉等通过大型压裂实验研究发现，采用定向射孔压裂技术可以产生曲折的裂缝。射孔角度和水平应力差的改变对裂缝扩展行为和断裂方向有着明显的影响。

Zhang，G等利用数值模拟和物模实验的方法分析了影响水力裂缝形态的主要因素是水平主应力差和定向射孔与最大水平应力之间的夹角。同时认为，水力裂缝不会一直沿着射孔方向延伸，裂缝呈现锯齿状，与射孔方向呈一定夹角扩展。

Martynyuk，PA等研究和预判了块状结构岩体水力压裂过程中的轨迹(in a Compressed Block Structure Rock)，并分析了影响主裂纹轨迹和裂纹直线段开口的参数为双轴压缩应力以及岩石介质参数。

昙弘孛等通过水力压裂导向孔测试实验研究了导向孔的数目对水力裂缝的引导效果，认为足够多的导向孔可以产生有效的裂纹，对水力裂缝的产生和引导有一定积极的意义。

由于径向井和定向射孔在井眼长度、孔径以及孔距方面有着很大的差异，导致径向井对水力裂缝的引导效果与定向射孔有很大的区别。据调研，目前国内外学者对径向井引导水力裂缝扩展的研究内容属于空白。

1.1.5 水力压裂产能预测调研

目前，针对径向井水力压裂不同裂缝形态下的产能预测还属研究空白。针对直井和水平井水力压裂后产能预测的研究文献较多，本书通过调研直井以及水平井水力压裂产能预测文献，欲寻找较有借鉴性的研究思路和方法为后续研究提供理论依据。

当前，国内外油气井压裂后产能预测方法主要有两种：一种是解析方法，其中主要包括建立数学模型求解、等值渗流阻力方法，以及镜像反映原理和势函数叠加方法。其研究思路主要是将地层中的流体看作单相渗流情况。另一种方法是利用数值模拟的方法研究压裂油井的产能和流入动态关系曲线，其假设条件为地层中的流体为油气两相流动，即溶解气驱油藏生产井。

1）国外研究现状

国外学者对直井水力压裂产能的研究趋于适用条件复杂化，其中，利用多种场耦合以及对流动阶段进行划分分析是研究的主要内容。水平井压裂产能预测研究相比直井压裂产能预测难度更大，研究技术也更适用和先进，着重对压裂水平井产能预测方法进行介绍。

Soliman 研究发现，油井实施压裂措施后，在开发初期，较多数量裂缝的水平井其产能远高于较少数量裂缝的水平井。随着开发时间的增加，裂缝条数对油井产能的影响差距有所减小。若储层垂向渗透率与水平渗透率之比小于 1，那么油井产量在 3~5 条裂缝的情况下最高。

Branimir 通过联合使用 Laplace 变换和格林函数，建立了包含多条裂缝的三维水平井单相流动模型。在研究中，通过对单条裂缝进行离散化处理，建立了数学模型，可对多裂缝情况下的水平井产能进行计算和预测。

Zerzar 在杜哈美原理的基础上建立了有限导流能力的垂直裂缝渗流方程和油藏渗流方程的耦合模型，并通过边界元理论和 Laplace 变换对所建方程组进行了求解。

Guo 等通过叠加原理，建立了一种新的压裂水平井的产能计算模型。模型可以分析裂缝半长、裂缝数目、裂缝间距、裂缝的对称性、裂缝的方位角以及裂缝导流能力等因素对水平井产能的影响规律。

Guo 和 Yu 在预测水平井产能的时候，将流体流向井筒的过程分为四个部分：地层中的径向流动，地层流体向裂缝的单向流动，流体在裂缝中的单向流动，以及裂缝内流体向井筒的径向流动。通过上述假设，建立了拟稳态流动情况下包含多条裂缝的水平井产能计算和预测模型。

Gilbert 和 Barree 通过数值模拟的方法计算了压裂水平井的产能，同时对压裂水平井的完井效果给予评价。同时，Brown 等通过一个非线性渗流模型来研究非常规油气藏中的水平井生产动态，然后，该模型并没有明确表征出流体从地层流入井筒过程中的各个流动阶段

Yuan 和 Zhou 研究出了一个可分析压裂或未压裂水平井的稳态流动流入动态的数学模型。该模型将储层总产量分成两个部分：储层基质产量和裂缝产量。与此同时，Lian 等通过格林函数和 Newman 积分法推导求解了在非稳态生产条件下压裂水平井的压降方程，可计算不同裂缝情况下的水平井产能。

Sennhauser 等通过数值分析的方法模型研究了致密油藏情况下，多级压裂水平井的产能大小。

Hao 等通过保角变换方法推导得到了超低渗透油藏压裂水平井的非达西流动产能预测方程，并分析在超低渗透情况下，油藏的启动压力梯度对水平井产量的影响规律。

Xu 等针对低渗透油藏在压裂过程中岩石基质中的渗流特征与裂缝中流体的渗流特征不同的特点，分别建立了两个区域的渗流数学模型，在考虑边界条件的基础上，通过求解渗流微分方程求解出了基质区域和裂缝中不同的压力分布方程。

2）国内研究现状

国内学者对直井水力压裂产能的研究是在借鉴国外技术的基础上，结合本国油田具体特点，开展相应的工作。蒋廷学等通过有限元方法对直井含任意方位裂缝的模型进行了产能计算。汪永利等利用保角变换的方法对压裂井产生垂直裂缝的产能进

行了计算。孟红霞等将水力裂缝看作具有限导流能力，在渗流力学的基础上，推导出了油井水力压裂产能预测模型，并分析了几种不同裂缝参数对油井产能的影响规律。张伟东同样利用保角变换的方法，推导求解了带有垂直裂缝油井的产能计算公式，分析了裂缝长度和裂缝导流能力对产能的影响规律。

国内压裂水平井产能计算与预测研究相比国外较晚，在借鉴和引用西方先进理论和技术的基础上，针对本国油气田的具体特点，国内学者因地制宜，提出了若干个适用于本国实际的压裂水平井产能计算理论和预测模型。

21世纪初，张学文等通过数值模拟的方式，较系统地研究了低渗透油田压裂水平井的产能影响因素，考虑了水力裂缝方向、条数、导流能力、缝间距以及储层渗透率等对产能的影响规律。

陈伟和段永刚等通过对水力裂缝的离散叠加方式，得到了压裂水平井的压力响应Laplace空间解，可作为压裂水平井的渗流分析提供理论支持。同时，蒋廷学等通过保角变换的思路，推导求解了垂直裂缝井的简单产能计算公式。

宁正福、程林松等之后考虑了人工裂缝内的压力损失情况，修正了稳态渗流的压裂水平井产能计算公式。

韩树刚等联合质量守恒与动量守恒定律以及流体力学相应理论，考虑了气体的压缩性以及黏度受压力的影响规律，推导出了气藏压裂水平井流体渗流模型，并给出了相应的求解方法。

岳建伟等研究了压裂水平井中存在多条垂直裂缝的情况，通过微元体分析与动量定理等方法将地层流体渗流、人工裂缝内流体渗流与井筒渗流相耦合，建立了相应模型的压裂水平井产能预测模型，获得了产能计算公式。

李廷礼等在前人的研究基础上，考虑水平井筒内流体压力的损失情况，推导出了裂缝渗流与水平井筒渗流耦合模型，给出了相应的求解方法。

徐严波等考虑了水平井段流体渗流对裂缝内流体渗流的干扰作用，通过复位势能理论与势叠加原理将水平井段的势函数与裂缝势函数相叠加，推导出了水平井与裂缝同时生产情况下的产能预测模型。

曾凡辉等同样考虑了不同裂缝形态对油气生产渗流的影响，推导出了考虑缝间的水平井产能计算模型，同时分析了影响压裂水平井产能的相关因素。

高海红等通过水电模拟装置研究发现，在不同裂缝形态情况下，水平井周围压力分布特点不同，同时分析了裂缝参数对水平井产能的影响规律，揭示了人工裂缝改变了近井筒渗流场是水平井压裂增产的主要原因。

吕志凯等利用 ANSYS 有限元分析软件对压裂水平井的渗流情况进行了模拟研究，得到了压力场和渗流速度场的分布规律，以及裂缝扩展规律对水平井产能的影响情况。认为水力裂缝整体倾斜和裂缝夹角的不合理改变会导致油井产量的降低。

牛栓文等考虑了启动压力梯度对压裂水平井产能的影响规律，在此基础上建立了相应的产能预测计算模型，分析了压力梯度以及不同裂缝条数对压裂水平井产能的影响规律。

李龙龙等在势叠加原理的基础上，分别推导出了无限导流能力和有限导流能力裂缝的压裂水平井的产能计算模型，并分析了两者之间的区别。

张芮菡等以三线性渗流模型为基础，联合沃伦-鲁特模型推导了考虑启动压力梯度情况的压裂水平井不稳定渗流数学模型，并给出了相应的解析解。得到了稳态渗流时，不同的裂缝参数对压裂水平井产能的影响规律。

概括来讲，国内针对压裂直井和水平井产能计算预测的模型研究尚不够完善，与国外研究还存在一定的差距。同时调研发现，基于水平井水力压裂产能预测或者产能评价的文章很多，而针对径向井压裂产能计算的文章目前笔者只发现一篇，就是曲占庆等针对径向井远端压裂情况进行的产能计算。径向井压裂后的产能预测和计算方法研究相对较少，有必要开展相应研究，深入理解不同形态水力裂缝对产能的影响规律。

1.2 研究思路及内容

1.2.1 研究思路及目标

针对研究思路与目标，主要采取如下研究方法(图1-2)：

考虑幂律流体的可压缩性以及黏性特点，通过数学建模方法结合实验验证手段分析压力波在幂律流体前置液中的传播规律，从而得到径向井从根部到趾端的压力分布规律，为后续径向井压裂起裂规律的分析提供理论依据。考虑岩体应力场与流体渗流场之间的相互耦合关系，采用动态分析的思路，研究地层在钻直井、钻射径向井与压裂阶段引起的局部应力累加情况，结合最大拉应力破坏准则，通过有限元三维数值模拟方式分析得到径向井压裂时的起裂规律，同时为之后裂缝扩展初始裂缝位置的定义提供理论依据。考虑流-固耦合效应，利用扩展有限元方法研究三维径向井水力压裂裂缝扩展轨迹，分析10种储层参数或施工参数(径向井方位角、径向井孔长、孔径、孔距、水平地应力差、岩石杨氏模量、岩石泊松比、储层渗透率、压裂液黏度)对水力裂缝扩展的影响规律。结合产能预测方法，对径向井水力裂缝开采剩余油的产能进行预测分析，弥补利用"引导因子"评价径向井引导效果的不足，为现场准确进行完井参数和压裂施工参数设计提供理论指导和技术支持。

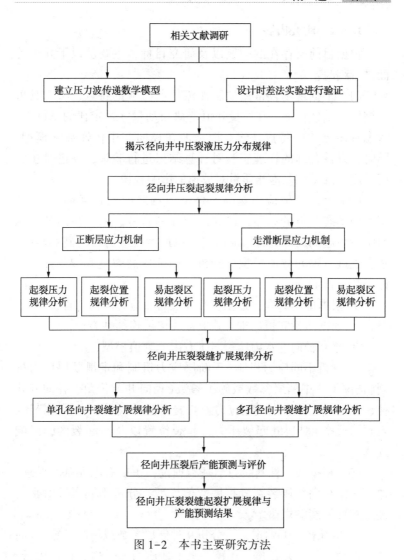

图 1-2　本书主要研究方法

1.2.2 研究内容

根据目前所存在的问题以及研究目标，主要从以下几个方面进行编写：

（1）根据现场较常用的幂律流体前置液的特点，考虑其可压缩性与黏性特征，在质量守恒定律与动量守恒定律的基础上，考虑幂律流体的特点，建立压力波在径向井中传递数学模型。同时，设计合理的物理实验对计算结果进行验证，并进一步分析黏度、浓度以及泡沫质量对波速的影响规律。

（2）考虑岩体应力场与流体渗流场之间的相互耦合关系，拟采用动态分析的思路，研究地层在钻直井、钻射径向井与压裂阶段引起的局部应力累加情况，以最大拉应力作为破坏准则，建立三维有限元数值模型，分析径向井压裂裂缝起裂规律。具体研究工作如下：

① 根据虚功原理，建立多孔介质岩石应力平衡方程；

② 根据质量守恒原理，建立流体渗流连续性方程；

③ 建立径向井水力压裂三维有限元数值模型；

④ 分析不同应力机制（正断层应力机制和走滑断层应力机制）情况下 7 中储层参数或施工参数（径向井方位角、径向井孔径、径向井孔长、水平地应力差、岩石杨氏模量、岩石泊松比、岩石渗透率）对裂缝起裂压力、起裂位置以及易起裂区的影响规律。

（3）根据线弹性断裂力学基本理论，扩展有限元基本原理，建立三维径向井压裂裂缝扩展数值模型，分析不同参数对水力裂缝扩展的影响规律。

① 单孔径向井情况下，分析 9 种储层参数或施工参数（径向井方位角、径向井孔长、孔径、水平地应力差、岩石杨氏模量、岩石泊松比、储层渗透率、压裂液黏度）不同情况下水力裂缝扩展路径以及对水力裂缝的引导作用，研究水力裂缝扩展规律。

② 多孔径向井情况下，分析 10 种储层参数或施工参数(径向井方位角、径向井孔长、孔径、孔距、水平地应力差、岩石杨氏模量、岩石泊松比、储层渗透率、压裂液黏度)不同情况下水力裂缝扩展路径以及对水力裂缝的引导作用，研究水力裂缝扩展规律。

(4) 利用 Petrel 软件建立储层地质模型和水力裂缝斜裂缝，利用 Eclipse 软件中黑油模型进行数值模拟研究，对前面研究的不同参数条件下，单孔径向井和多孔径向井形成的水力裂缝进行产能预测，通过预测结果评价出对提高径向井产能有利的储层参数或施工参数，为现场准确进行完井参数和压裂施工参数设计提供理论指导和技术支持。

第 2 章　径向水平井内压裂液
压力传递规律

前置液是地面压裂施工设备和储层岩石作用的传动中介，在对径向井进行压裂施工的过程中，如果前置液中的压力波传递速度比较慢，那么，在有限长的径向井段内前置液就必然存在压力梯度，那么裂缝在近直井区域会产生起裂。如果压力波传递速度较快，前置液中压力从径向井根端到径向井趾端瞬间完成传递同时达到压力平衡，则可认为径向井根端(近直井筒区域)与径向井趾端的压力大小相同。

想要获得径向井内前置液从根端到趾端的压力分布规律，则必须研究前置液在径向水平井眼内的液压传动机理以及确定压力波速大小。目前，现场上同时存在多种压裂液类型，其中幂律流体压裂液应用更为广泛。本章拟分析幂律流体前置液中压力波传递规律，为后续研究提供理论依据。

2.1　幂律流体中压力波传递数学模型的建立

2.1.1　压力波速计算数学模型

1) 数学模型假设

径向井井眼多为 3~5cm，与直井井筒相比可认为径向井井眼半径非常小。因此，对物理模型进行简化，采用一维流动模型进行求解，如图 2-1 所示。数学分析过程如下：充满前置液的径向水平井井眼右侧存在一个活塞，活塞从静止状态加速到

u' 速度后停止运动，由于研究流体具有可压缩性，活塞左侧流体被压缩，势必会产生一个压力增量 p'，在压力 p' 的作用下，活塞左边区域流体产生一个运动速度为 u' 的运动趋势以及传播速度为 a 的压缩波一直到径向井趾端。那么，此压力波属于左行压缩波，建立数学模型前，先作三点假设：

（1）由于前置液已充满水平井眼，井眼内流体运动非常缓慢，可假设流体运动为层流状态。

（2）不考虑前置液内部剪切作用，仅考虑前置液与井眼壁的剪切作用。（压力波传播面将为一与径向井轴线垂直的平面）。

（3）研究流体在流动过程中，不考虑热交换作用，并认为前置液不发生滤失现象。

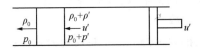

图 2-1　径向水平井压力波传递模型示意图

对于径向井井眼内包含压力波面的微元段进行分析可知，微元段左边区域前置液保持静止状态（即速度为 0），压力和密度为初始条件下的值，依次为 p_0 和 ρ_0，波面右边流体受活塞推动作用，流体具有的速度、压力和密度依次为 u'，$p_0 + p'$，$\rho_0 + \rho'$。

研究过程中，考虑流体的可压缩性，由质量守恒定律可推导出前置液微元段的连续性方程［见式（2-1）］。式（2-1）中体现了流体运动速度和密度随时间与位移的变化规律。

$$\frac{\partial \rho}{\partial t} + \frac{\partial (\rho u)}{\partial x} = 0 \qquad (2-1)$$

由动量守恒定律可知，单位流体所受惯性力等于所受外力之和。则考虑流体黏性和可压缩性的一维流体运动方程可表示为：

$$\frac{\partial(\rho u)}{\partial t}+\frac{\partial(\rho uu)}{\partial x}=-\frac{\partial p}{\partial x}-\frac{4\tau_{\mathrm{w}}}{d} \tag{2-2}$$

即

$$\frac{\partial(\rho u)}{\partial t}+\frac{\partial(\rho uu)}{\partial x}+\frac{\partial p}{\partial x}+\frac{4\tau_{\mathrm{w}}}{d}=0 \tag{2-3}$$

式中 τ_{w}——幂律流体与径向井壁的黏性切应力，Pa；

d——径向井内径，m。

根据幂律流体在圆管内的层流流量公式可知：

$$Q=\frac{n\pi d^3}{24n+8}\left(\frac{d\Delta p}{4K_1 L}\right)^{\frac{1}{n}} \tag{2-4}$$

式中 K_1——流体稠度系数，Pa·S^n；

n——幂指数。

由流量公式推导求得流体平均流速公式为：

$$u_0=\frac{n}{3n+1}\left(\frac{\Delta p}{2K_1 L}\right)^{\frac{1}{n}}\left(\frac{d}{2}\right)^{\frac{n+1}{n}} \tag{2-5}$$

考虑流体与径向井井壁的切应力为：

$$\tau_{\mathrm{w}}=\frac{\Delta p}{L}\frac{d}{4} \tag{2-6}$$

将式（2-5）代入式（2-6），化简为：

$$\tau_{\mathrm{w}}=\frac{d}{2}\left[\frac{3n+1}{n}\left(\frac{2}{d}\right)^{\frac{n+1}{n}}\right]^n K_1 u_0^n \tag{2-7}$$

将式（2-7）代入式（2-3），可得到幂律流体在径向井内的运动方程：

$$\frac{\partial(\rho u)}{\partial t}+\frac{\partial(\rho uu)}{\partial x}+\frac{\partial p}{\partial x}+2\left[\frac{3n+1}{n}\left(\frac{2}{d}\right)^{\frac{n+1}{n}}\right]^n K_1 u_0^n=0 \tag{2-8}$$

2）方程的离散化处理以及求解

通过有限差分方法对动量方程和连续性方程进行离散化处

理，利用计算机编程手段，实时计算不同径向井位置处压力值的大小，对压力突变点进行跟踪记录，可反映出压力波面的传播规律。

（1）动量方程的离散化处理。

径向井井眼在长度方向被离散为如图2-2所示的一维离散网格形式：

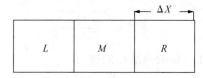

图2-2　井眼长度方向的一维离散网格示意图

为了表述方便，令

$$b = 2\left[\frac{3n+1}{n}\left(\frac{2}{d}\right)^{\frac{n+1}{n}}\right]^{n} K_1$$

则式（2-8）变为：

$$\frac{\partial(\rho u)}{\partial t} + \frac{\partial(\rho u u)}{\partial x} + \frac{\partial p}{\partial x} + bu_0^n = 0 \qquad (2-9)$$

对式（2-9）进行空间上离散化处理，有

$$\left.\frac{\partial(\rho V)}{\partial t}\right|_{M} = -V_M \frac{(\rho V)_R - (\rho V)_L}{2\Delta x} - \frac{P_R - P_L}{2\Delta x} - bV_M^n \qquad (2-10)$$

再对式（2-10）进行时间离散化处理，有

$$\frac{\rho_M^t V_M^{t+\Delta t} - (\rho V)_M^t}{\Delta t} = -V_M^t \frac{(\rho V)_R^t - (\rho V)_L^t}{2\Delta x} - \frac{P_R^t - P_L^t}{2\Delta x} - bV_M^{nt} \qquad (2-11)$$

则任意一点 M 处在 $t+\Delta t$ 时刻下的速度可通过式（2-12）计算求得：

$$V_M^{t+\Delta t} = \frac{V_M^t \Delta t\left[(\rho V)_L^t - (\rho V)_R^t\right] + (P_L^t - P_R^t)\Delta t - 2b\Delta x \cdot \Delta t \cdot V_M^n}{2\Delta x \cdot \rho_M^t} + V_M^t$$

$$(2-12)$$

对于一维空间内的 n 个点，当 $2 \leqslant i \leqslant n-1$，有

$$V_i^{t+\Delta t} = \frac{V_i^t \Delta t \left[(\rho V)_{i-1}^t - (\rho V)_{i+1}^t\right] + (P_{i-1}^t - P_{i+1}^t)\Delta t - 2b\Delta x \cdot \Delta t \cdot V_i^n}{2\Delta x \cdot \rho_i^t} + V_i^t \tag{2-13}$$

$$V_2^{t+\Delta t} = \frac{V_1^{t+\Delta t} + V_3^{t+\Delta t}}{2} \tag{2-14}$$

$$V_{n-1}^{t+\Delta t} = \frac{V_{n-2}^{t+\Delta t} + V_n^{t+\Delta t}}{2} \tag{2-15}$$

（2）连续性方程的离散化处理。

$$\left.\frac{\partial \rho}{\partial t}\right|_P + \frac{(\rho V)_E - (\rho V)_W}{2\Delta x} = 0 \tag{2-16}$$

$$\rho_P^{t+\Delta t} = -\frac{\rho_E^t V_E^{t+\Delta t} - \rho_W^t V_W^{t+\Delta t}}{2\Delta x}\Delta t + \rho_P^t \tag{2-17}$$

当 $2 \leqslant i \leqslant n-1$ 时：

$$\rho_i^{t+\Delta t} = -\frac{\rho_{i+1}^t V_{i+1}^{t+\Delta t} - \rho_{i-1}^t V_{i-1}^{t+\Delta t}}{2\Delta x}\Delta t + \rho_i^t \tag{2-18}$$

（3）初始条件以及边界条件的定义：

$$\begin{cases} v(x,\ 0) = 0 \\ P(x,\ 0) = 0 \end{cases} \tag{2-19}$$

$$\begin{cases} P(0,\ t) = P_0 \\ P(l,\ t) = 0 \end{cases} \tag{2-20}$$

3）前置液弹性模量的计算方法

流体弹性模量与压力和密度有以下关系：

$$K = \frac{dP}{d\rho/\rho} \tag{2-21}$$

对式（2-21）移项并进行积分，代入前置液初始压力条件 p_0 和密度初始条件 ρ_0，可推导出径向井井眼内任意位置压力的计算表达式：

$$P = P_0 + K \ln \frac{\rho}{\rho_0} \qquad (2-22)$$

式中 ρ_0——压力 P_0 时对应的流体密度；

ρ——压力为 P 时该点的流体密度。

2.1.2 压力波速的计算

活塞未运动时时间为 0，在活塞对流体产生扰动后，每经过 Δt 的时间，通过式(2-13)、式(2-18)和式(2-22)的联立方程组求取径向井上各个点压力值，压力突变点处即为压力波面所在位置，通过编程手段记录压力波面的传播距离与消耗的时间，再利用 $v = \dfrac{距离}{时间}$ 可计算得到压力波面传递速度。

2.2 压力波速的实验验证

上述数学模型是否正确，还需要通过物理实验方法对所计算压力波速进行验证。选取两种常用压裂液(瓜胶压裂液、清洁压裂液)的前置液作为实验对象，设计压力波速测量实验，对比两种前置液中压力波速计算值与实测值的误差大小。

2.2.1 实验装置与压裂液配置

1）实验设备

测试实验中主要用到的设备为 SV-D-7A 压力波速测试仪、HEWLETT 54602B 双踪示波器(见图2-3)。

2）压裂液配制

为了研究不同类型前置液中压力波传递规律，本实验配制了最常用配方且黏度基本一致的瓜胶压裂液、清洁压裂液的前置液作为实验媒介，开展了横向对比研究，所有的前置液均通过水浴加热装置加热到30℃。实验用前置液基本配方见表2-1和图2-4。

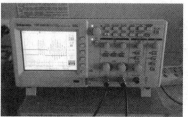

(a)SV-D-7A超声波脉冲发生仪　　　　(b)HEWLETT　54602B双踪示波器

图2-3　实验设备

表2-1　两种类型压裂液的前置液配方组成

类型	黏度/mPa·s	配方
瓜胶压裂液	100	清水+0.3%羟丙基瓜胶粉+0.52%交联剂
清洁压裂液	100	清水+4.1%清洁压裂液母液

(a)清洁压裂液母液　　　　(b)100 mPa·s清洁压裂液

(c)100 mPa·s瓜胶压裂液

图2-4　实验用不同类型压裂液对比

2.2.2　实验方法与原理

1）压力波速的测量原理

压裂液中传播的压力波实际上是由地面压裂设备产生的一种纵向平面扰动波。其传播规律与声波在液体中的传播规律类似，前人研究认为其本质是一种机械波。由于超声波具有传播方向集中、不易发生扩展的特点，因此选择超声波脉冲作为模拟泵注压裂液的波源，来模拟压裂施工过程中所产生的直行平面波。

目前，对超声波波速测量的方法主要有三种：体积弹性模量法和时差域测量法以及时差法。体积弹性模量法的测量原理是测量传播介质的体积弹性模量，然后通过媒介体积弹性模量与波速之间的数学关系式求取波速，由于体积弹性模量法波速计算公式中不考虑流体黏性对波速的影响，且仅适用于牛顿流体，因此，在本实验中不宜采用。

时差域测量法在处理数据时，需要对测量值进行互相关函数处理，且需要求取脉冲值的滞后时间，实验方法较为复杂，计算过程也很繁琐。而脉冲时差法是利用测量压力波在媒介中传播一定距离所消耗的时间，反求速度的思路获取脉冲压力波速的方法，可在多种介质（气态、固态、液态）中测量压力波速，实用性较强。对比上述三种实验方法，本次研究拟采用时差法作为实验方法，开展实验研究。时差法测试系统示意图如图2-5所示：

试验中只需要测量两探头之间的距离 ΔL，再除以压力波在媒介中的传递时间 Δt，便可得到压力波的传递速度值 v（其中，传递时间 Δt 可直接在示波器上读取即可）。

$$v = \frac{\Delta L}{\Delta t} \qquad (2-23)$$

2）逐差法处理数据

实际测量中，示波器上测量的压力波传播时间 Δt 既包括压

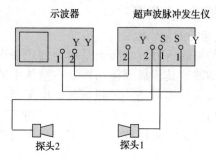

图2-5　时差法测压力波速实验装置示意图

力波在媒介中的传播时间，又包含有电缆延时、换能器延时，甚至耦合层接触不良也会导致时间延迟，为了消除额外电路延时带来的误差，实验采用逐差法对实验测量数据进行处理。若测量的点依次为 l_1，l_2，l_3，$\cdots$，l_{2n} 合计 $2n$ 个，其对应的测量时差分别为 t_1，t_2，t_3，$\cdots$，t_{2n}，那么采用逐差法对实验数据进行处理，可计算压力波速为：

$$v = \frac{(l_{n+1}-l_1)+(l_{n+2}-l_2)+\cdots+(l_{2n}-l_n)}{(t_{n+2}-t_2)+(t_{n+2}-t_2)+\cdots+(t_{2n}-t_n)} \quad (2-24)$$

2.2.3　实验结果

利用上述实验方法，对不同类型压裂液中压力波的传递速度进行测量，测量结果见表2-2。实验结果显示，上述数学模型求解得到的压力波速值与实验测量值平均误差为 12.1%。数学模型所求压力波速具有一定的准确性。

表2-2　数学模型结果与实验结果对比

压裂液类型	体积弹性模量/Pa	密度/kg/m³	稠度系数/Pa·Sⁿ	流变指数	启动压力/kPa	实测波速/（m/s）	计算波速/（m/s）	误差值/%
瓜胶压裂液	2.82×10^9	1.05	4.65	0.31	200	1545	1645.7	6.02
清洁压裂液	4.01×10^9	1.09	0.62	0.34	200	1334	1460.8	9.44

2.2.4 不同性能参数对压力波的影响

不同压裂液前置液的性质差异很大，其压力波传递速度差异较大。那么，相同类型压裂液前置液随自身黏度、浓度的改变其内部压力波传递的规律是如何的？本研究针对上述二种压裂液，开展了不同黏度、浓度等条件对压力波速的影响研究，通过实验方法分析同类型压裂液中，上述因素对压力波传递速度的影响规律，揭示压裂液中压力传递规律。

1) 压裂液的配制

为减小样品误差，压裂液配置过程中省略掉部分添加剂，具体实验配方见表2-3。

表2-3　不同黏度瓜胶压裂液配方组成

实验方案一	黏度/mPa·s	配　　　　方
瓜胶压裂液	50	清水+0.3%羟丙基瓜胶粉+0.42%交联剂
	75	清水+0.3%羟丙基瓜胶粉+0.47%交联剂
	100	清水+0.3%羟丙基瓜胶粉+0.52%交联剂
	125	清水+0.3%羟丙基瓜胶粉+0.57%交联剂
瓜胶压裂液	150	清水+0.3%羟丙基瓜胶粉+0.62%交联剂

配制不同浓度瓜胶压裂液时，即使是相同用量交联剂，加入不同量瓜胶粉后黏度都会发生改变。为了排除黏度对压裂液性能的影响，仅在温水中加入不同量的羟丙基瓜胶粉，实验配方见表2-4。

表2-4　不同浓度瓜胶压裂液配方组成

实验方案二	浓度/(g/100mL)	配　　　　方
瓜胶压裂液	0.3%	清水+0.3%羟丙基瓜胶粉
	0.4%	清水+0.4%羟丙基瓜胶粉
	0.5%	清水+0.5%羟丙基瓜胶粉
	0.6%	清水+0.6%羟丙基瓜胶粉
	0.7%	清水+0.7%羟丙基瓜胶粉

通过水浴加热清洁压裂液得到不同黏度下的试样，具体配方见表2-5和表2-6。

表2-5 不同黏度清洁压裂液配方组成

实验方案三	试样温度/℃	黏度/mPa·s	配　方
清洁压裂液	56	50	清水+4.03%清洁液压裂母液
	47	75	清水+4.03%清洁液压裂母液
	38	100	清水+4.03%清洁液压裂母液
	31	125	清水+4.03%清洁液压裂母液
	23	150	清水+4.03%清洁液压裂母液

表2-6 不同浓度清洁压裂液配方组成

实验方案四	浓度/%	配　方
清洁压裂液	3.15	清水+3.15%清洁液压裂母液
	3.59	清水+3.59%清洁液压裂母液
	4.03	清水+4.03%清洁液压裂母液
	4.48	清水+4.48%清洁液压裂母液
	4.93	清水+4.93%清洁液压裂母液

2）黏度对波速的影响

图2-6展示出不同黏度压裂液中压力波传递速度的变化规律。在实际工况允许黏度范围内，瓜胶压裂液中压力波传递速度在1539.6m/s左右，清洁压裂液中压力波传递速度在1325.2m/s左右。同时发现，压力波速随压裂液黏度的增加有一定幅度的增大。目前，还没有相关研究确定压裂液黏度与波速的关系，但是根据压力波传播的基本理论可知，压力波的振幅与黏度

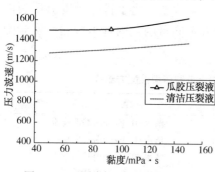

图2-6 不同类型压裂液中压力波随黏度变化规律

基本成反比关系，而压力波的能量又是波幅与波速的函数，在发射源能量一定的条件下，波速便与黏度成正比例关系。因此，压力波波速随黏度有所增加。

3) 浓度对波速的影响

图2-7和图2-8中展示出了不同压裂液中压力波速随浓度的变化规律。由上图可知，随着瓜胶粉添加量的增加，压裂液浓度增大，压力波从1279m/s上升为1503m/s，上升幅度为17.4%。当浓度达到0.6%左右，压力波速增加速率有所减缓。分析认为，瓜胶压裂液随着浓度的增加，瓜胶粉逐渐达到饱和状态，流体中开始出现不溶于水的微小颗粒，致使压力波在传递过程中能量和动量交换加剧，增加了能量耗散，减缓了压力波的传播速度。清洁压裂液中压力波速随母液量增加从1121m/s上升到1550m/s，上升幅度为38.3%，基本呈现出线性增加的规律。在实际工况允许范围内，相比黏度因素而言，浓度对压裂液中的波速影响更大。

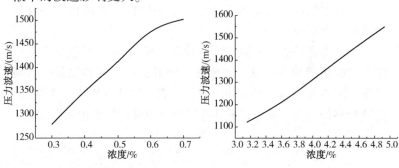

图2-7 瓜胶压裂液中压力
波速随浓度的变化规律

图2-8 清洁压裂液中压力
波速随浓度的变化规律

2.3 本章小结

（1）本章以在质量守恒定律与动量守恒定律的基础上，考虑了幂律流体的黏性和可压缩性，通过对数学模型的迭代计算和利用编程手段对压力波面进行识别跟踪，计算得到幂律流体前置液中压力波的传递速度。同时，通过物理实验时差法对计算结果进行了验证，并对黏度、浓度对波速的影响规律进行了分析。

（2）实验结果表明：数值计算结果与实验结果平均误差约为 7.73%，反映出压力波传递数学模型具有较高的计算精度。

（3）通过实验研究明确了两种常用压裂液中压力波传递速度的数量级。本次实验结果显示，压力波在瓜胶压裂液中传播速度最快，约为 1545m/s，在清洁压裂液中次之，约为 1334m/s。两种压裂液组成性能有一定的差异，为导致压力波速差异的根本原因。

（4）压力波传播速度受压裂液黏度、浓度的影响各不相同。压力波速随黏度的增加会略微增大，随瓜胶压裂液和清洁压裂液浓度的增加会显著增大。波速越大，越有利于径向井远端起裂，通过控制压裂液黏度、浓度可以一定程度上防止压裂过程中近井地带起裂。

（5）考虑径向井井眼长度一般多小于 100m，相比上文求取压力波的传播速度可认为非常小。因此，根据实验结果，可假定压力波瞬间传达至径向井趾端，形成径向井井眼内压力平衡。此结论将作为下一章节径向井井眼内压力设计的理论依据。

第3章 径向井水力压裂
裂缝起裂规律

径向井与水力压裂技术的结合作为油气田新兴增产手段已在中国江苏、胜利、辽河等油田实施并取得了可喜效果。径向井水力压裂技术的优点是：①一定条件下，径向水平井眼发挥了引导压裂裂缝方向和促使裂缝深穿透的作用；②压裂时，裂缝通过这些分支可以沟通更大的油藏动用面积，压裂效果和有效期较常规压裂井要好；③径向分支降低了地层起裂压力和施工压力；④可有效控制裂缝扩展高度，避免压开油层附近水层，可针对薄互层进行压裂施工，作业时间短，能减少外来液体对地层的伤害。

目前，国内外学者考虑射孔参数对水力裂缝起裂压力的影响研究成果较多，但针对径向井参数对起裂压力和起裂位置影响规律的研究成果笔者尚未发现。径向井压裂的裂缝起裂扩展研究国内外尚处于起步阶段，因此，裂缝起裂压力和起裂位置尚不明确，导致不能有效开展径向井的完井参数和压裂方案设计，无法实现该技术的高效应用。

本章节以有限元计算软件 Abaqus 为平台，考虑岩体流-固耦合效应和带有初始应力的直井段与径向井岩块钻井移除引起的应力集中现象，建立三维径向井裂缝破裂模型，研究水平地应力差、径向井方位角、径向井长度、半径、储层渗透率、岩石杨氏模量以及泊松比对径向井起裂压力和起裂位置的影响规律。

3.1 多孔介质岩石中应力平衡方程与渗流连续方程的耦合

钻井完井过程会引起多孔介质骨架有效应力的局部变化，导致岩体渗透率以及孔隙度的改变。同时，在压裂液的泵注过程中，岩石孔隙内的流体会对岩石本身的强度和变形产生影响，必须考虑岩体应力场与流体渗流场之间的相互耦合关系。基于以上考虑，通过数值模拟方法，研究从地层移除裸眼直井段和径向井段再到水力压裂完成过程，重点区域的应力变化情况，揭示地应力场以及完井参数对径向井起裂压力与起裂位置的影响规律。

3.1.1 应力平衡方程

根据虚功原理可知，岩石多孔介质某时刻所具有的虚功值等于外力（体力和面力之和）作用产生的虚功，那么可写出多孔介质的应力平衡方程式为：

$$\int_V \delta\varepsilon^T d\sigma dV - \int_V \delta u^T df dV - \int_S \delta u^T dt dS = 0 \qquad (3-1)$$

式中　σ——岩石有效应力；

　　　t——岩体面力；

　　　f——岩石体力；

　　　$\delta\varepsilon$——虚位移；

　　　δu——虚应变；

　　　dV——体积微元；

　　　dS——面积微元。

孔隙介质中 Biot 有效应力的表达式如下：

$$\sigma'_{ij} = \sigma_{ij} + \alpha\delta_{ij}[\chi p_o + (1-\chi)p_a] \qquad (3-2)$$

式中　σ'_{ij}——孔隙介质有效应力；

　　　σ_{ij}——岩石总应力；

　　　δ_{ij}——克罗内克符号；

α——biot 系数；

χ——孔隙度。

假定 $\chi = s$，取 $\alpha = 1$，引入孔隙液体压力和孔隙气体压力，式(3-2)可化为：

$$\sigma_{ij}' = \sigma_{ij} + \delta_{ij}[s_o p_o + (1-s_o)p_a] = \sigma_{ij} + \delta_{ij}\bar{p} \qquad (3-3)$$

式中　s_o——孔隙内液体饱和度

$\quad\quad p_o$——孔隙液体压力；

$\quad\quad p_a$——孔隙气体压力；

$\quad\quad \bar{p}$——液体和气体的平均压力。

不考虑岩石中流体黏性，将式(3-3)代入式(3-1)，并对时间求导，化简为：

$$\int_V \delta\boldsymbol{\varepsilon}^T \boldsymbol{D}_{ep} \frac{d\boldsymbol{\varepsilon}}{dt}dV + \int_V \delta\boldsymbol{\varepsilon}^T \boldsymbol{D}_{ep}\left[\boldsymbol{m}\frac{(s_w + p_o\boldsymbol{\varepsilon})}{3K_s}\frac{dp_o}{dt}\right]dV -$$
$$\int_V \delta\boldsymbol{\varepsilon}^T \boldsymbol{m}(s_w + p_o\xi)\frac{dp_o}{dt}dV = \int_V \delta\boldsymbol{u}^T\frac{d\boldsymbol{f}}{dt}dV + \int_s \delta\boldsymbol{u}^T\frac{d\boldsymbol{t}}{dt}dS \qquad (3-4)$$

式中　$\boldsymbol{D}_{ep}$——弹塑性矩阵；

$\quad\quad t$——时间；

$\quad\quad \boldsymbol{m} = [1,\ 1,\ 1,\ 0,\ 0,\ 0]^T$；

$\quad\quad s_w$——含水饱和度；

$\quad\quad K_s$——固体颗粒的压缩模量；

$\xi = \dfrac{ds_o}{dp_o}$——表征毛细压力与饱和度关系的参数。

3.1.2　连续性方程的建立

针对一定体积的岩石，由质量守恒定理可知，一定时间内流入岩石内部流体质量等于内部流体增加量与流体流出量之和，对于渗流特点为达西渗流的多孔介质，其渗流的连续性方程表达式为：

$$s_o\left(\boldsymbol{m}^T-\frac{\boldsymbol{m}^T\boldsymbol{D}_{ep}}{3K_S}\right)\frac{d\boldsymbol{\varepsilon}}{dt}-\nabla^T\left[\boldsymbol{k}_0\boldsymbol{k}_r\left(\frac{\nabla p_o}{\rho_o}-\boldsymbol{g}\right)\right]+$$

$$\left\{\xi n+n\frac{s_o}{K_o}+s_o\left[\frac{1-n}{3K_s}-\frac{\boldsymbol{m}^T\boldsymbol{D}_{ep}\boldsymbol{m}}{(3K_s)^2}\right](s_o+p_o\xi)\right\}\frac{dp_o}{dt}=0 \qquad (3-5)$$

式中　$\boldsymbol{k}_0$——初始渗透率系数张量和多孔介质中流体密度之积；

　　　$\boldsymbol{k}_r$——比渗透系数；

　　　n——岩石孔隙度；

　　　g——重力加速度的矢量形式；

　　　ρ_o——液体密度；

　　　K_o——岩石内液体体积模量。

3.1.3　边界条件

1）流量边界条件

$$-\boldsymbol{n}^T\boldsymbol{k}k_r\left(\frac{\nabla p_o}{\rho_o}-g\right)=q_o \qquad (3-6)$$

式中　$\boldsymbol{n}$——流量边界的单位法线方向；

　　　$\boldsymbol{k}$——渗透率系数张量；

　　　q_o——单位时间里流过边界的总液体量。

2）孔压边界条件

孔压边界条件可用式（3-7）表示：

$p_o=p_{ob}$，即认为边界上孔压为一定值 p_{ob}。

3.1.4　有限元离散化

定义形函数：

$$\begin{cases} u=N_u\bar{\boldsymbol{u}} \\ \varepsilon=B\bar{\boldsymbol{u}} \\ p_o=N_p\bar{p}_o \end{cases} \qquad (3-7)$$

$$\int_V \boldsymbol{a}^T\bar{A}dV+\int_S \boldsymbol{b}^T\bar{B}dS=0 \qquad (3-8)$$

式中 $\bar{u}$——单元节点的位移；

$\bar{p}_{\mathrm{o}}$——单元节点的孔隙压力；

a，b——任意函数；

$\bar{A}$——控制方程；

$\bar{B}$——通过边界的连续性方程。

将式（3-7）代入式（3-4），化简得到固相有限元列式方程式：

$$K\frac{\mathrm{d}\bar{u}}{\mathrm{d}t}+C\frac{\mathrm{d}\bar{p}_{\mathrm{o}}}{\mathrm{d}t}=\frac{\mathrm{d}f}{\mathrm{d}t} \qquad (3-9)$$

采用 Galerkin 方法，将式（3-5）和式（3-6）分别作为式（3-8）中的 $\bar{A}$ 和 $\bar{B}$，并将式（3-7）代入式（3-8），令 $a=-b$，变形化简为：

$$E\frac{\mathrm{d}\bar{u}}{\mathrm{d}t}+F\,\bar{p}_{\mathrm{o}}+G\frac{\mathrm{d}\bar{p}_{\mathrm{o}}}{\mathrm{d}t}=\hat{f} \qquad (3-10)$$

联立式（3-9）和式（3-10）可得到应力-渗流耦合方程式（3-11），通过 Abaqus 有限元模拟软件求解此方程式可得到关心区域的应力、应变、位移以及孔隙度、渗透率、饱和度等相关参数的分布规律。

$$\begin{bmatrix} K & C \\ E & G \end{bmatrix}\frac{\mathrm{d}}{\mathrm{d}t}\begin{Bmatrix} \bar{u} \\ \bar{p}_{\mathrm{o}} \end{Bmatrix}+\begin{bmatrix} 0 & 0 \\ 0 & F \end{bmatrix}\begin{Bmatrix} \bar{u} \\ \bar{p}_{\mathrm{o}} \end{Bmatrix}=\begin{Bmatrix} \dfrac{\mathrm{d}f}{\mathrm{d}t} \\ \hat{f} \end{Bmatrix} \qquad (3-11)$$

其中：$E=\displaystyle\int_{V}N_{\mathrm{p}}^{T}\left[s_{\mathrm{o}}\left(m^{T}-\frac{m^{T}D_{\mathrm{ep}}}{3K_{\mathrm{s}}}\right)B\right]\mathrm{d}V$；

$F=\displaystyle\int_{V}(\nabla N_{\mathrm{p}})^{T}kk_{\mathrm{r}}\,\nabla N_{\mathrm{p}}\mathrm{d}V$；

$G=\displaystyle\int_{V}N_{\mathrm{p}}^{T}\left\{s_{\mathrm{o}}\left[\left(\frac{1-n}{K_{\mathrm{s}}}-\frac{m^{T}D_{\mathrm{ep}}m}{(3K_{\mathrm{s}})^{2}}\right)\right](s_{\mathrm{o}}+p_{\mathrm{o}}\xi)+\xi n+n\frac{s_{\mathrm{o}}}{K_{\mathrm{o}}}\right\}N_{\mathrm{p}}\mathrm{d}V$；

$$\hat{f} = \int_{S} N_{p}^{T} q_{ob} dS - \int_{V} (\nabla N_{p})^{T} kk_{r} g dv ;$$

q_{ob} 为边界液体流量；

N_{p} 为形函数。

3.2 径向井水力压裂数值模型的建立

3.2.1 假设条件

（1）储层为各向同性均质材料，且油层饱和度为1。

（2）储层基质为弹塑性材料，其力学行为遵循弹性损伤力学理论，并认为岩石满足最大拉应力准则，当岩石所受最大拉应力超过其自身的抗张强度时即受拉破坏，裂缝起裂。

（3）在起裂前，径向井内流体几乎处于静止状态，计算中不考虑径向井内压裂液摩阻和孔眼摩阻。

3.2.2 模型基本参数

以胜利油田 x 径向井为研究对象，建立 10m×10m×60m 数值模型，模型最大网格数超过 10 万，如图 3-1（a）~图 3-1（c）所示。

(a)直井和径向井part及几何尺寸　　(b)模型几何结构示意图　　(c)CPE4P网格划分

图 3-1　数值模型实体图

直井、径向井的钻井和射孔会对周边围岩产生影响，带有初始应力的直井段与径向井岩块钻井移除会引起局部应力重新分布。本研究采用动态分析的思路，研究地层在钻直井、钻射径向井与压裂阶段引起的局部应力累加情况，结合最大拉应力破坏准则，分析径向井压裂时的起裂压力与起裂位置。

初始应力场的平衡通过关键词*Geostatic实现，直井段和径向井段移除过程采用刚度折减法，通过关键词*Model Change，remove和*field命令来实现，注入压裂液过程和压力变化通过*Dsload和*Amplitude来模拟实现。

动态分析步骤为以下四步：

（1）初始应力场的平衡［见图3-2（a）］。

对模型地应力场和渗流场进行计算耦合平衡，保证模型建立的正确性。

（2）直井段移除过程模拟［见图3-2（b）］。

直井段岩石的移除以及产生局部应力模拟计算。

（3）径向井移除过程模拟［见图3-2（c）］。

径向井段岩石的移除以及产生局部应力模拟计算。

（4）注入压裂液过程模拟［见图3-2（d）］。

径向井与直井井壁注入压裂液过程模拟，分析起裂压力与起裂点位置。

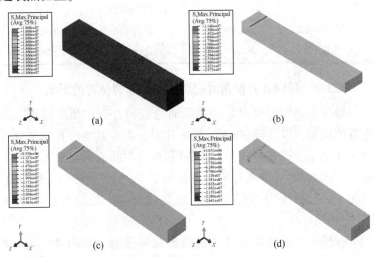

图3-2 模拟井段移除和压裂过程示意图

3.3 正断层地应力情况计算结果及分析

3.3.1 模型基本参数

胜利油田 x 井基本参数见表 3-1，本节将分析正断层情况下径向井长度、孔径、方位角、水平地应力差、储层渗透率、岩石杨氏模量，以及泊松比对起裂压力与起裂位置的影响规律。

表 3-1   胜利油田 x 井基础参数

参数	数值	参数	数值
完钻井深	1996m	岩石抗拉强度	3.0MPa
射孔位置	1970m	井筒直径	139.7mm
油层饱和度	1	径向井直径	30mm
初始孔隙压力	20MPa	径向井个数	1 个
初始孔隙率	0.16	岩石本构模型	弹塑性模型
水平最大主应力	41MPa	损伤演化准则	D-P 准则
水平最小主应力	36MPa	岩石剪切胀性	54.0
上覆岩石应力	45MPa	岩石泊松比	0.25
渗透率	$60 \times 10^{-3} \mu m^2$	岩石弹性模量	12.9GPa

3.3.2 径向井方位角对起裂压力与起裂位置的影响

地应力方向与径向井的关系通过径向井方位角来描述。建立数值模型，以孔径 30mm、50m 井眼长度为基准，其他参数以表 3-1 为准，改变径向井方位角（径向井射孔方向与最大水平主应力方向夹角），分析径向井方位角为 0°、15°、45°、75°、90°情况下，起裂压力与起裂位置的变化规律。数值模拟结果如图 3-3 所示。

在径向井根部某处最先达到抗拉强度时，径向井趾端（见图 3-4）也会出现应力集中现象。通过计算径向井趾端应力集中区域应力最大值，可以揭示径向井趾端是否为"易起裂区域"。

数值模拟结果显示，裂缝起裂压力随着径向井方位角的增加而逐步增加（见图3-5）。在径向井方位角为0°时，起裂压力为39.95MPa，随着径向井方位角的逐步变大，起裂压力也显著增加，在径向井方位角为90°时，达到起裂压力的最大值44.76MPa，起裂压力增幅为12.1%。裂缝起裂位置不随径向井方位角的改变而改变，保持在距直井井筒0.499m处的径向井内表面上，根据最小能量原理，裂缝起裂时，应沿着阻力最小方向破裂和扩展，径向井方位角不同，导致径向井井眼周围应力分布区域不同，其阻力最小平面的分布角度也会不同，近而导致起裂压力的变化。

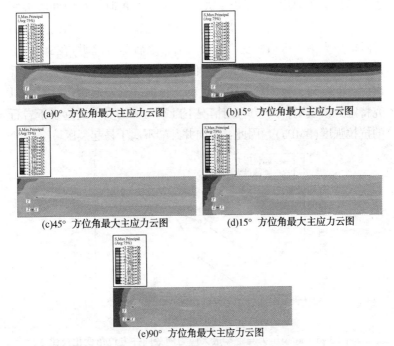

(a)0° 方位角最大主应力云图　　(b)15° 方位角最大主应力云图

(c)45° 方位角最大主应力云图　　(d)15° 方位角最大主应力云图

(e)90° 方位角最大主应力云图

图3-3　不同径向井方位角时，起裂瞬间径向井截面最大主应力分布云图

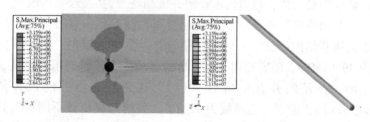

(a)径向井根部应力集中　　　(b)径向井趾端应力集中现象

图 3-4　径向井根部和趾端应力集中现象

Abaqus 中规定压应力为负，拉应力为正。计算结果显示，随着径向井方位角的增加，径向井趾端所受压应力(地应力、孔隙压力和压裂液压力之和)逐步变大。在 0°方位角时，径向井趾端所受压应力最大值为-8.65MPa；(后文所述趾端应力皆指的是径向井趾端应力集中区域所受应力最人值，之后不再说明)在 90°方位角时，趾端所受压应力达到极大值-4.01MPa，从曲线趋势可以看出(见图 3-5)，较大的方位角更利于径向井远端起裂。针对本研究特定数值模型，90°方位角情况下趾端区域的受力远远小于岩石的抗拉强度(3MPa)。因此，径向井趾端不属于易起裂区域。

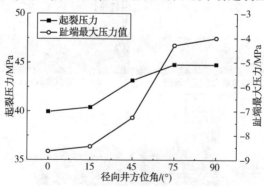

图 3-5　起裂压力与趾端最大应力随径向井方位角变化规律

3.3.3 径向井孔径对起裂压力与起裂位置的影响

建立数值模型，以径向井井长 30m，径向井方位角为 0° 为基准。其他参数以表 3-1 为准保持不变，改变径向井井径，分析径向井井径为 10mm、20mm、30mm、40mm、50mm 情况下，起裂压力与起裂位置的变化规律。数值模拟结果如图 3-6 所示。

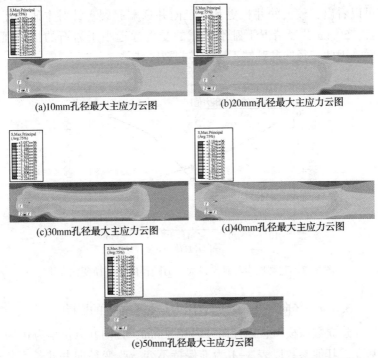

(a)10mm孔径最大主应力云图   (b)20mm孔径最大主应力云图

(c)30mm孔径最大主应力云图   (d)40mm孔径最大主应力云图

(e)50mm孔径最大主应力云图

图 3-6　不同孔径时，起裂瞬间径向井截面最大主应力分布云图

数值模拟结果显示(见图 3-7)，10mm 内径时，裂缝起裂压力为 45.16MPa，随着井径的增加，起裂压力有所减小，50mm 内径时，起裂压力值为 41.15MPa，起裂压力减小了 8.88%。裂缝起裂点距直井的距离保持不变，一直维持位于距直井 0.499m

处。分析原因认为正断层应力机制下，较大的径向井孔径有利于较大排量压裂液流入地层，进而导致孔内流动阻力减小，不易在径向井孔内形成憋压，起裂压力降低。

研究发现，随着径向井井径的增加，径向井趾端所受压应力逐步变大。在10mm井径时，径向井趾端所受压应力为-6.73MPa；在50mm井径时，趾端所受压应力达到极大值-3.27MPa，从曲线趋势可以看出，较大的井径更利于径向井远端起裂。针对本研究而言，50mm井径情况下趾端区域的受力远远小于岩石的抗拉强度。因此，径向井趾端不属于易起裂区域。

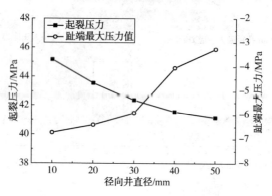

图3-7 起裂压力与趾端最大应力随径向井井径变化规律

3.3.4 径向井孔长对起裂压力与起裂位置的影响

建立数值模型，以径向井内径30mm，径向井方位角为0°为基准，其他参数以表3-1为准保持不变，改变径向井井长，分析径向井井长为10m、20m、30m、40m、50m情况下，起裂压力与起裂位置的变化规律。数值模拟结果如图3-8所示。

模拟结果显示（见图3-9），随着径向井井眼长度的增加，起裂压力有所降低，当径向井井眼长度为50m时，裂缝起裂压力为39.95MPa，相比10m长井眼起裂压力减小了19.4%，裂缝

起裂点距直井的距离保持不变，一直维持位于距直井 0.499m
处。分析原因认为正断层应力机制下，较长的径向井有利于地
层中的压裂液沿着射孔方向流动和延伸，不易在径向井孔内形
成憋压，因此起裂压力降低。

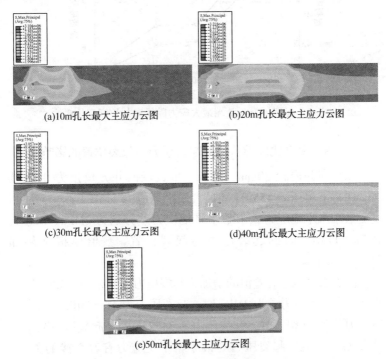

(a)10m孔长最大主应力云图　　　(b)20m孔长最大主应力云图

(c)30m孔长最大主应力云图　　　(d)40m孔长最大主应力云图

(e)50m孔长最大主应力云图

图3-8　不同孔长时，起裂瞬间径向井截面最大主应力分布云图

随着径向井井长的增加，径向井趾端所受压应力逐步变小。
在 10m 井径时，径向井趾端所受压应力为 -1.21MPa；在 50m 井
长时，趾端所受压应力达到极小值 -8.41MPa，从曲线趋势可以
看出，较短的井长更利于径向井远端起裂。针对本研究而言，
10m 井长情况下趾端区域的受力远远小于岩石的抗拉强度。因
此，径向井趾端不属于易起裂区域。

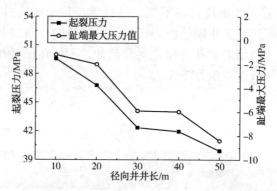

图 3-9　起裂压力与趾端最大应力随径向井长度变化规律

3.3.5　水平地应力差值对起裂压力与起裂位置的影响

以径向井内径 30mm，井长 30m，径向井方位角为 0° 为基准，保持上覆压力 45MPa 和最大水平地应力 41MPa 不变，适当改变最小水平地应力，求解水平地应力差分别为 2MPa、5MPa、8MPa、11MPa 时的起裂压力与起裂位置。数值模拟结果如图 3-10所示。

随着水平地应力差值的增加，起裂压力逐步减小，如图 3-11所示。水平地应力差为 2MPa 时，起裂压力为 45.57MPa，当水平地应力差为 11MPa 时，起裂压力为 34.73MPa。起裂压力减小了 23.78%。可见，起裂压力与最小水平主应力有着直接的关系，随着最小主应力的减小，起裂压力表现出明显的减小。裂缝起裂位置没有发生变化，起裂点距直井 0.49m。

随着最小主应力的减小，水平地应力差值的增加，径向井趾端所受压应力先减小再增加。在水平地应力差值为 2MPa 时，径向井趾端所受压应力为 -5.82MPa；在水平地应力差值为 5MPa 时，趾端所受压应力达到极小值 -6.03MPa；之后，随着地应力差值的增加，趾端区域所受最大压力逐步增加，在水平地应力差值为 11MPa 时，趾端所受压应力达到极大值 −2.47MPa，从曲线趋势可以看出，较大水平地应力差值情况下，更利于径向井远端起裂。针对本研究而言，11MPa 压差情况下趾端区域的受力远小于岩石的抗拉强度。因此，径向井趾端不属于易起裂区域。

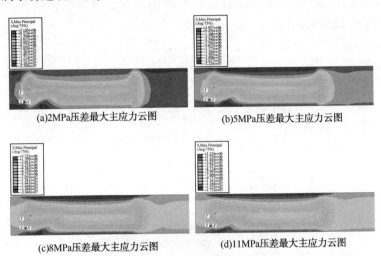

(a)2MPa压差最大主应力云图　　　　(b)5MPa压差最大主应力云图

(c)8MPa压差最大主应力云图　　　　(d)11MPa压差最大主应力云图

图 3-10　不同水平地应力差时，起裂瞬间径向井截面最大主应力分布云图

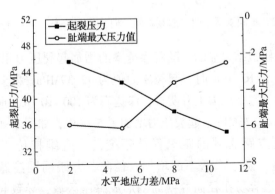

图 3-11　起裂压力与趾端最大应力随水平地应力差的变化规律

3.3.6 岩石渗透率对起裂压力与起裂位置的影响

建立数值模型，以径向井内径 30mm，井长 30m，径向井方位角为 0°为基准，其他参数以表 3-1 为准保持不变，依次设置数值模型的渗透率值为 $1 \times 10^{-3} \mu m^2$、$10 \times 10^{-3} \mu m^2$、$100 \times 10^{-3} \mu m^2$，研究渗透率对起裂压力与起裂位置的影响规律，数值模拟结果如图 3-12 所示。

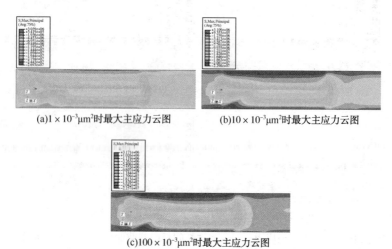

(a)$1 \times 10^{-3} \mu m^2$时最大主应力云图   (b)$10 \times 10^{-3} \mu m^2$时最大主应力云图

(c)$100 \times 10^{-3} \mu m^2$时最大主应力云图

图 3-12 不同渗透率时，起裂瞬间径向井截面最大主应力分布云图

数值模拟结果显示，随着渗透率的增加起裂压力相应增大。渗透率为 $1 \times 10^{-3} \mu m^2$ 时，起裂压力值为 42.39MPa。随着渗透率值的增加，起裂压力上升明显，渗透率为 $100 \times 10^{-3} \mu m^2$ 时，起裂压力值为 44.76MPa，起裂压力增加了 5.60%，如图 3-13 所示。裂缝起裂点距直井的距离保持不变，一直维持位于距直井 0.499m 处。随着渗透率的增加，径向井井眼周围渗透通道增大，压裂液容易在径向井壁周围形成憋压区域，导致起裂压力

上升。较小渗透率的岩石，不利于憋压区域的形成，压力更直接作用于岩石骨架上，导致岩石更容易起裂，因此起裂压力较低。

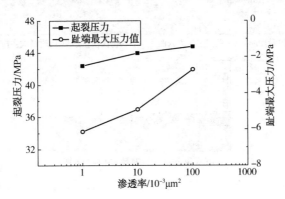

图 3-13　起裂压力与趾端最大应力随渗透率的变化规律

随着渗透率的增加，径向井趾端所受压应力逐步增加。在渗透率 $1×10^{-3}$ μm^2 时，径向井趾端所受压应力为 -5.82MPa；在渗透率为 $100×10^{-3}$ μm^2 时，趾端所受压应力达到极大值 -2.70MPa。从曲线趋势可以看出，较大渗透率的储层，更利于径向井远端起裂。针对本研究而言，$100×10^{-3}$ μm^2 情况下趾端区域的受力远小于岩石的抗拉强度。因此，径向井趾端不属于易起裂区域。

3.3.7　岩石杨氏模量对起裂压力与起裂位置的影响

建立数值模型，以径向井内径 30mm，井长 30m，径向井方位角为 0°为基准，其他参数以表 3-1 为准，依次设置数值模型的杨氏模量为 12.9GPa、22.9GPa、32.9GPa，研究岩石杨氏模量对起裂压力与起裂位置的影响规律。数值模拟结果如图 3-14 所示。

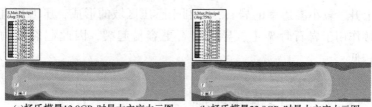

(a)杨氏模量12.9GPa时最大主应力云图　　(b)杨氏模量22.9GPa时最大主应力云图

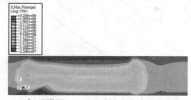

(c)杨氏模量32.9GPa时最大主应力云图

图 3-14　不同杨氏模量时，起裂瞬间径向井截面最大主应力分布云图

　　随着杨氏模量的增加，起裂压力有少量上升，12.9GPa 杨氏模量时，起裂压力值为 42.36MPa，当杨氏模量上升为 32.9GPa 时，起裂压力增加为 43.3MPa，增加幅度仅为 2.36%。可见，随着岩石杨氏模量的增加，起裂压力略有增加，杨氏模量的改变对起裂压力影响不太显著。裂缝起裂点距直井的距离保持不变，一直维持位于距直井 0.499m 处(见图 3-15)。

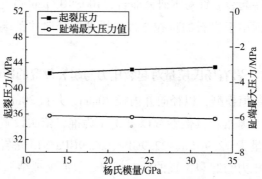

图 3-15　起裂压力与趾端最大应力随杨氏模量的变化规律

随着杨氏模量的增加，径向井趾端所受压应力略有增加。在杨氏模量为12.9GPa时，径向井趾端所受压应力为 -5.92MPa；在杨氏模量为32.9GPa时，趾端所受压应力达到极大值-6.08MPa。压应力降低幅度为2.70%。可见，杨氏模量的改变对趾端所受压应力的影响程度较弱。针对本研究而言，12.9GPa杨氏模量情况下趾端区域的受力远小于岩石的抗拉强度。因此，径向井趾端不属于易起裂区域。

3.3.8　岩石泊松比对起裂压力与起裂位置的影响

建立数值模型，以径向井内径30mm，井长30m，径向井方位角为0°为基准，其他参数以表3-1为准保持不变，依次设置数值模型岩石泊松比为0.15、0.20、0.25，研究泊松比对起裂压力与起裂位置的影响规律。数值模拟结果如图3-16所示。

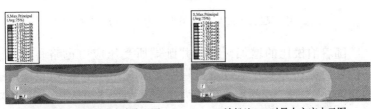

(a)泊松比0.15时最大主应力云图　　(b)泊松比0.20时最大主应力云图

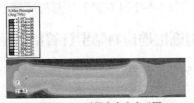

(c)泊松比0.25时最大主应力云图

图3-16　不同泊松比时，起裂瞬间径向井截面最大主应力分布云图

0.15泊松比情况下，起裂压力值为43.90MPa，当泊松比上升为0.25时，起裂压力减小为42.36MPa，减小幅度为3.52%。

可见，随着岩石泊松比的增加，起裂压力也表现出少量下降，但是，泊松比的改变对起裂压力影响不太显著（见图 3-17）。裂缝起裂点距直井的距离保持不变，一直维持位于距直井 0.499m 处。

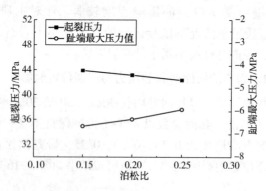

图 3-17　起裂压力与趾端最大应力随泊松比变化规律

　　随着泊松比的增加，径向井趾端所受压应力也略有增加。在泊松比为 0.15 时，径向井趾端所受压应力为 -6.65MPa；在泊松比为 0.25 时，趾端所受压应力达到极大值 -5.92MPa。针对本研究而言，0.25 泊松比情况下趾端区域的受力远小于岩石的抗拉强度。因此，径向井趾端不属于易起裂区域。

3.4　走滑断层地应力情况计算结果及分析

　　经过 30 年的勘探开发，油气田的研究工作越来越精细，国内外学者发现走滑断层和相应的伴生构造也较常见，其广泛存在于各种应力构造环境之中，包括剪切应力环境、挤压应力环境以及拉张应力环境等。其中，比较典型的走滑断层有美国西海岸圣安德列斯断层、新西兰的阿尔卑斯断层以及英国苏格兰的大格林断层等，中国苏北盆地的石港、汉涧和吴堡断层、郯城-庐江断层和阿尔金断层也属此列。苏北盆地在剖面上总体呈南断北超的构造特征，江苏油田位正于苏北盆地南部的高邮凹陷中。在中国，径向井水力压裂技术最早应用于江苏油田且取得了可喜的效果，之后在胜利油田、长庆油田都有应用。走滑断层地应力机制情况下，若水平地应力差值相差悬殊，一定情况下，起裂点位置将会发生明显的改变，不一定都在近井筒附近发生起裂，此研究结果本人已发表在《Journal of Petroleum Science and Engineering》期刊上。因此，本书继续深入考虑了走滑断层中储层参数和径向井参数对起裂压力和起裂位置的影响规律，同样以胜利油田 x 径向井参数为基础参数，分析在走滑断层应力机制情况下水平地应力差、径向井方位角、径向井长度、半径、储层渗透率、岩石杨氏模量以及泊松比对起裂压力与起裂位置的影响规律。模型的建立过程中，只是对调了上文正断层模型中的水平最大主应力与垂向应力，令水平最大主应力为45MPa，垂向应力为41MPa，其他参数保持不变。

3.4.1　径向井方位角对起裂压力与起裂位置的影响

同理，以径向井内径30mm，井长50m，径向井方位角为0°为基准，考虑径向井方位角为0°、15°、45°、75°、90°情况下，起裂压力与起裂位置的变化规律。数值模拟结果如图 3-18 所示。

数值模拟结果显示，走滑断层地应力机制情况下，裂缝起裂压力随着径向井方位角的增加而逐步增加(见图3-19)。在径向井方位角为0°时，起裂压力为42.36MPa，随着径向井方位角的逐步变大，起裂压力也显著增加，在径向井方位角为90°时，达到起裂压力的最大值47.17MPa，起裂压力增幅为11.37%。裂缝起裂位置不随径向井方位角的改变而改变，保持在距直井井筒0.499m处的径向井内表面上。

对趾端应力集中区域进行分析发现，随着径向井方位角的增加，径向井趾端所受压应力呈现先减小再增大的变化规律。

在0°方位角时，径向井趾端所受压应力最大值为-9.23MPa；之后，随着径向井方位角的增加，趾端所受压应力有所减小，在径向井方位角为45°时，达到最小值-9.95MPa，随着径向井方位角的增加，径向井趾端所受压应力逐渐加大，当径向井方位角为90°时，趾端所受压应力取到极大值-2.72MPa。

从曲线趋势可以看出，当径向井方位角小于45°时，方位角越小，越有利于径向井远端起裂；当径向井方位角大于45°时，方位角越大，越有利于径向井远端起裂。针对本研究特定数值模型，90°方位角情况下趾端区域的受力远远小于岩石的抗拉强度。因此，径向井趾端不属于易起裂区域。

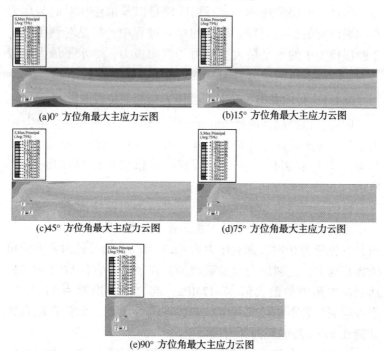

(a)0°方位角最大主应力云图　　(b)15°方位角最大主应力云图

(c)45°方位角最大主应力云图　　(d)75°方位角最大主应力云图

(e)90°方位角最大主应力云图

图3-18　不同径向井方位角时，起裂瞬间径向井截面最大主应力分布云图

五种方位角下，走滑断层起裂压力均值为 45.00MPa，正断层起裂压力均值为 42.61MPa，前者相比后者高出 5.61%。

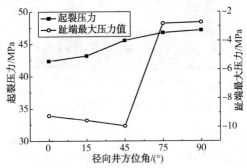

图 3-19　起裂压力与趾端最大应力随径向井方位角变化规律

3.4.2　径向井井径对起裂压力与起裂位置的影响

建立数值模型，以井长 30m，径向井方位角为 0° 为基准，其他参数保持表 3-1 不变，改变径向井井径，分析井径为 10mm、20mm、30mm、40mm、50mm 情况下，起裂压力与起裂位置的变化规律。数值模拟结果如图 3-20 所示。

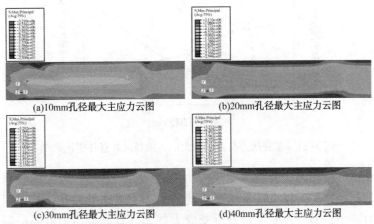

(a)10mm孔径最大主应力云图　　　(b)20mm孔径最大主应力云图

(c)30mm孔径最大主应力云图　　　(d)40mm孔径最大主应力云图

图 3-20　不同径向井孔径时，起裂瞬间径向井截面最大主应力分布云图

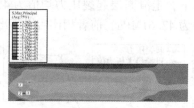

(e)50mm孔径最大主应力云图

图3-20 不同径向井孔径时，起裂瞬间径向井截面最大主应力分布云图(续)

数值模拟结果显示，走滑断层地应力机制情况下，起裂压力随着径向井井径的增加逐步增加(见图3-21)；在径向井井径为10mm时，起裂压力为39.14MPa，在径向井井径为50mm时，达到起裂压力的最大值44.36MPa，起裂压力增幅为9.31%。裂缝起裂位置不随径向井方位角的改变而改变，保持在距直井井筒0.499m处的径向井内表面上。

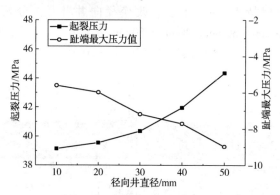

图3-21 起裂压力与趾端最大应力随径向井直井变化规律

分析原因认为走滑断层应力机制下，一方面，较大的径向井孔径有利于较大排量压裂液流入地层，进而导致孔内流动阻力减小，另一方面，岩石所受应力状态导致起裂压力升高的幅度大于孔内流动阻力减小值，因此，可能在井壁附近产生了憋压区域，导致起裂压力上升。对趾端应力集中区域进行分析发现，随着径向井井径的增加，径向井趾端所受压应力呈现逐步减小的趋势。在 10mm 井径情况下，径向井趾端所受压应力最大值为-5.61MPa，在井径为 50mm 时，达到最小值-8.97MPa。

从曲线趋势可以看出，井径越小，越有利于径向井远端起裂。针对本研究特定数值模型，10mm 井径情况下趾端区域的受力远远小于岩石的抗拉强度。因此，径向井趾端不属于易起裂区域。

对比正断层应力机制下的起裂压力发现，10mm 孔径情况下，走滑断层应力机制下的起裂压力比正断层应力机制下的值小，五种井径情况下，走滑断层起裂压力均值为 41.07MPa，正断层起裂压力均值为 42.75MPa，前者相比后者低 3.93%。

3.4.3 径向井井眼长度对起裂压力与起裂位置的影响

以径向井内径30mm，径向井方位角为0°为基准，分析径向井井眼长度为 10m、20m、30m、40m、50m 情况下，裂缝起裂压力和起裂位置的变化规律。数值模拟结果如图 3-22 所示。

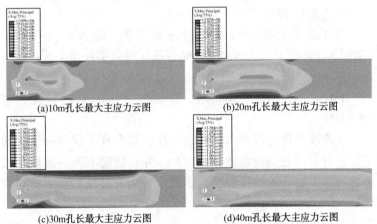

(a)10m孔长最大主应力云图　　　(b)20m孔长最大主应力云图

(c)30m孔长最大主应力云图　　　(d)40m孔长最大主应力云图

图 3-22　不同径向井孔长时，起裂瞬间径向井截面最大主应力分布云图

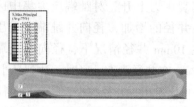

(e)50m孔长最大主应力云图

图 3-22　不同径向井孔长时，起裂瞬间径向井截面最大主应力分布云图(续)

数值模拟结果显示，走滑断层地应力机制情况下，径向井井眼长度为 10m 时，起裂压力最小，仅为 38.74MPa。随着径向井井眼长度的增加，起裂压力有所增加，当径向井井眼长度为 50m 时，裂缝起裂压力为 42.35MPa，起裂压力增加了 9.32%。分析原因认为走滑断层应力机制下，岩石所受应力状态导致起裂压力升高的幅度大于压裂液沿着射孔方向流动和延伸导致起裂压力降低的幅度，因此，可能在井壁附近产生了憋压区域，起裂压力上升。裂缝起裂点距直井的距离保持不变，一直维持位于距直井 0.499m 处。

对趾端应力集中区域进行分析发现，随着径向井井长(见图 3-23)的增加，径向井趾端所受压应力呈现逐步减小的规律。在 10m 井长情况下，径向井趾端所受压应力最大值为 -3.31MPa，当井长为 50m 时，趾端所受压应力达到极大值 -9.27MPa。

从曲线趋势可以看出，井长越小，越有利于径向井远端起裂。针对本研究特定数值模型，10m 井长情况下趾端区域的受力远远小于岩石的抗拉强度。因此，径向井趾端不属于易起裂区域。

对比正断层应力机制下的起裂压力发现，走滑断层应力机制下的起裂压力比正断层应力机制下的值更小。五种井长情况下，走滑断层起裂压力均值为 40.43MPa，正断层起裂压力均值为 44.13MPa，前者相比后者低 8.38%。

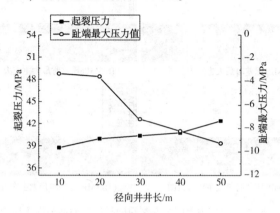

图 3-23　起裂压力与趾端最大应力随径向井长度变化规律

3.4.4　水平地应力差对起裂压力与起裂位置的影响

以径向井内径 30mm，井长 30m，径向井方位角为 0° 为基准，保持上覆压力 41MPa 和最大水平地应力 45MPa 不变，适当改变最小水平地应力，分析最小水平地应力值为 43MPa、40MPa、37MPa、34MPa 情况下起裂压力的变化规律。数值模拟结果如图 3-24 所示。

数值模拟结果显示（见图 3-25），走滑断层地应力机制情况下，水平地应力差为 2MPa 时，起裂压力最大，为 48.78MPa。随着水平地应力差的增加，起裂压力逐步减小，当压差增加为 11MPa 时，裂缝起裂压力为 37.94MPa，减小幅度为 22.2%。起裂压力与最小主应力的关系同正断层应力机制下的规律一致：即随着最小水平主应力的减小，起裂压力相应减小。裂缝起裂点距直井的距离保持不变，一直维持位于距直井 0.499m 处。

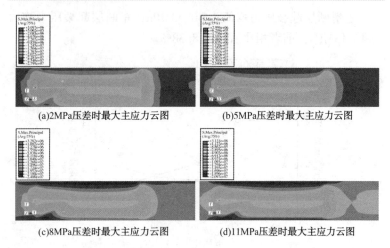

(a)2MPa压差时最大主应力云图   (b)5MPa压差时最大主应力云图

(c)8MPa压差时最大主应力云图   (d)11MPa压差时最大主应力云图

图 3-24 不同水平地应力差时，起裂瞬间径向井截面最大主应力分布云图

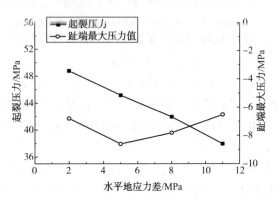

图 3-25 起裂压力与趾端最大应力随水平地应力差变化规律

对趾端应力集中区域进行分析发现，随着水平地应力差的增加，径向井趾端所受压应力也表现出先减小再增加的规律。在水平地应力差值为 2MPa 时，径向井趾端所受压应力为 -6.81MPa；在水平地应力差值为 5MPa 时，趾端所受压应力达到极小值 -8.61MPa；之后，随着地应力差值的增加，趾端区域

所受最大压力逐步增加，在水平地应力差值为 11MPa 时，趾端所受压应力达到极大值-6.53MPa，从曲线趋势可以看出，小于 2MPa 或者大于 11MPa 压差的情况，更利于径向井远端起裂。针对本研究而言，11MPa 压差情况下趾端区域的受力远小于岩石的抗拉强度。因此，径向井趾端不属于易起裂区域。

对比正断层应力机制下的起裂压力发现，走滑断层应力机制下的起裂压力比正断层应力机制下的值更大。四种压差情况下，走滑断层起裂压力均值为 43.46MPa，正断层起裂压力均值为 40.14MPa，前者相比后者高出 8.27%。

3.4.5 渗透率对起裂压力与起裂位置的影响

同理，以径向井内径 30mm，井长 30m，径向井方位角为 $0°$ 为基准，其他参数以表 3-1 为准保持不变，依次设置数值模型的渗透率值为 $1×10^{-3}\mu m^2$、$10×10^{-3}\mu m^2$、$100×10^{-3}\mu m^2$，研究渗透率对起裂压力与起裂位置的影响规律。数值模拟结果如图 3-26 所示。

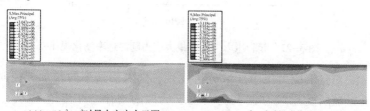

(a)$1×10^{-3}\mu m^2$时最大主应力云图   (b)$10×10^{-3}\mu m^2$时最大主应力云图

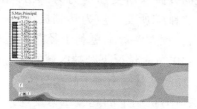

(c)$100×10^{-3}\mu m^2$时最大主应力云图

图 3-26   不同渗透率时，起裂瞬间径向井截面最大主应力分布云图

数值模拟结果显示(见图 3-27)，走滑断层地应力机制情况下，岩石渗透率为 1×10^{-3} μm^2 时，起裂压力最小，仅为 40.75MPa。随着渗透率的增加，起裂压力逐步增加，当渗透率为 100×10^{-3} μm^2 时，裂缝起裂压力为 44.36MPa。增加幅度为 8.86%。起裂压力与渗透率的关系同正断层应力机制下的规律一致：即随着渗透率增加，起裂压力相应增加。起裂压力与渗透率的关系同正断层应力机制下的规律一致。裂缝起裂点距直井的距离保持不变，一直维持位于距直井 0.499m 处。

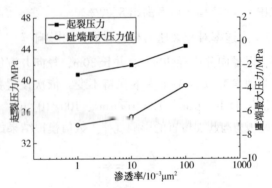

图 3-27 起裂压力与趾端最大应力随渗透率变化规律

对趾端应力集中区域分析发现，随着渗透率的增加，径向井趾端所受压应力也表现出逐步增加的规律。在渗透率为 1×10^{-3} μm^2 时，径向井趾端所受压应力为 -7.10MPa；在渗透率为 100×10^{-3} μm^2 时，趾端所受压应力达到极小值 -3.78MPa。从曲线趋势可以看出，较大渗透率更利于径向井远端起裂。针对本研究而言，100×10^{-3} μm^2 情况下趾端区域的受力远小于岩石的抗拉强度。因此，径向井趾端不属于易起裂区域。

对比正断层应力机制下的起裂压力发现，走滑断层应力机制下的起裂压力比正断层应力机制下的值更小。三种渗透率情况下，走滑断层起裂压力均值为 42.40MPa，正断层起裂压力均值为 43.70MPa，前者相比后者低 2.98%。

3.4.6 岩石杨氏模量对起裂压力与起裂位置的影响

同理，建立数值模型，以径向井内径 30mm，井长 30m，径向井方位角为 0°为基准，其他参数以表 3-1 为准保持不变，依次设置数值模型的杨氏模量为 12.9GPa、22.9GPa、32.9GPa，研究岩石杨氏模量对起裂压力与起裂位置的影响规律。数值模拟结果如图 3-28 所示。

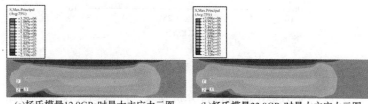

(a)杨氏模量12.9GPa时最大主应力云图　(b)杨氏模量22.9GPa时最大主应力云图

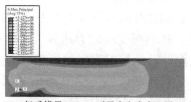

(c)杨氏模量32.9GPa时最大主应力云图

图 3-28 不同杨氏模量时，起裂瞬间径向井截面最大主应力分布云图

数值模拟结果显示(见图 3-29)，走滑断层地应力机制情况下，岩石杨氏模量为 12.9GPa 时，起裂压力最小，仅为 40.35MPa。随着杨氏模量的增加，起裂压力略有增加，当杨氏模量为 32.9GPa 时，裂缝起裂压力为 40.92MPa。增加幅度为 1.41%。起裂压力与杨氏模量的关系同正断层应力机制下的规律一致：即随着杨氏模量增加，起裂压力略有增加，杨氏模量对起裂压力的影响较弱。裂缝起裂点距直井的距离保持不变，一直维持位于距直井 0.499m 处。

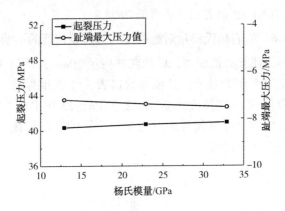

图 3-29　起裂压力与趾端最大应力随杨氏模量变化规律

对趾端应力集中区域进行分析发现，随着杨氏模量的增加，径向井趾端所受压应力也表现出略微减小的规律。在杨氏模量为 12.9GPa 时，径向井趾端所受压应力为-7.19MPa；在杨氏模量为 32.9GPa 时，趾端所受压应力达到极小值-7.5MPa。杨氏模量的增加对径向井趾端易起裂区的影响较弱。针对本研究而言，12.9GPa 情况下趾端区域的受力远小于岩石的抗拉强度。因此，径向井趾端不属于易起裂区域。

对比正断层应力机制下的起裂压力发现，走滑断层应力机制下的起裂压力比正断层应力机制下的值更小。三种杨氏模量情况下，走滑断层起裂压力均值为 40.55MPa，正断层起裂压力均值为 42.36MPa，前者相比后者低 4.27%。

3.4.7　岩石泊松比对起裂压力与起裂位置的影响

同理，以径向井内径 30mm，井长 30m，径向井方位角为 0° 为基准，其他参数以表 3-1 为准保持不变，依次设置数值模型的泊松比为 0.15、0.20、0.25，研究泊松比对起裂压力与起裂位置的影响规律。数值模拟结果如图 3-30 所示。

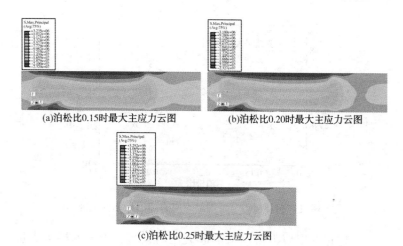

(a)泊松比0.15时最大主应力云图　　　(b)泊松比0.20时最大主应力云图

(c)泊松比0.25时最大主应力云图

图 3-30　不同泊松比时，起裂瞬间径向井截面最大主应力分布云图

数值模拟结果显示(见图 3-31)，走滑断层地应力机制情况下，岩石泊松比为 0.15 时起裂压力最大，为 41.55MPa。随着泊松比的增加，起裂压力略有减小，当泊松比为 0.25 时，裂缝起裂压力为 40.35MPa。降低幅度为 2.89%。起裂压力与泊松比的关系同正断层应力机制下的规律一致：即随着泊松比增加，起裂压力略有下降，泊松比对起裂压力的影响效果较弱。裂缝起裂点距直井的距离保持不变，一直维持位于距直井 0.499m 处。

对趾端应力集中区域进行分析发现，随着泊松比的增加，径向井趾端所受压应力也表现出略微增加的规律。在泊松比为 0.15 时，径向井趾端所受压应力为-8.54MPa，在泊松比为 0.25 时，趾端所受压应力达到极小值-7.19MPa。泊松比的增加对径向井趾端易起裂区的影响较弱。针对本研究而言，0.25 情况下趾端区域的受力远小于岩石的抗拉强度。因此，径向井趾端不属于易起裂区域。

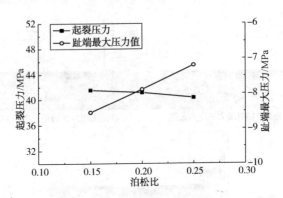

图 3-31　起裂压力与趾端最大应力随泊松比变化规律

对比正断层应力机制下的起裂压力发现，走滑断层应力机制下的起裂压力比正断层应力机制下的值更小。三种泊松比情况下，走滑断层起裂压力均值为 41.02MPa，正断层起裂压力均值为 43.14MPa，前者相比后者低 4.91%。

3.5　本章小结

（1）本章以大型有限元计算软件 Abaqus 为平台，考虑岩体流-固耦合效应和带有初始应力的直井段与径向井岩块钻井移除引起的应力集中现象，建立了 3D 径向井裂缝破裂模型，研究地应力、径向井方位角、径向井长度、半径、岩石渗透率、岩石杨氏模量以及泊松比对径向井起裂压力和起裂位置影响。

（2）正断层地应力机制下，分析了单个因素的改变对起裂压力的改变规律。对每个因素改变其水平产生的改变结果取平均值，分析各个参数对起裂压力改变的影响规律，结果显示，起裂压力的平均值由小到大依次为：水平地应力差（40.14MPa）、杨氏模量（42.36MPa）、径向井方位角（42.61MPa）、孔径（42.75MPa）、泊松比（43.14MPa）、渗透率（43.7MPa）、孔长（44.13MPa）。走滑断层地应力机制下，起裂压力的平均值由小到大依次为：孔长（40.43MPa）、杨氏模量（40.55MPa）、泊松比（41.02MPa）、孔径（41.07MPa）、渗透率（42.4MPa）、水平地应力差（43.46MPa）、径向井方位角（45.00MPa）。对上述各因素的平均起裂压力进行分析发现，除水平地应力差与径向井方位角之外，其他因素在正断层情况下的平均起裂压力皆比走滑断层下的起裂压力要高，反映出走滑断层中起裂压力对水平地应力差与径向井方位角因素较敏感的特点。

（3）正断层地应力机制下，随着径向井方位角、渗透率、杨氏模量的增加和径向井孔长、孔径、水平地应力差值以及泊松比的减小，起裂压力逐步增加。反之亦然。在取值范围内，各参数改变导致起裂压力改变幅度由大到小依次为：水平地应力差（23.78%）、孔长（19.42%）、径向井方位角（12.05%）、孔径（8.88%）、储层渗透率（5.61%）、岩石泊松比、（3.51%）岩石杨氏模量（2.36%）。走滑断层地应力机制下，随着径向井孔长、孔径、径向井方位角、渗透率、岩石杨氏模量的增加和水平地应力差、岩石泊松比的减小，起裂压力逐步增加。反之亦然。在取值范围内，各参数改变导致起裂压力改变幅度由大到小依次为：水平地应力差（22.20%）、孔径（13.32%）、径向井方位角（11.37%）、孔长（9.31%）、储层渗透率（8.86%）、岩石泊松比、（2.89%）、岩石杨氏模量（1.41%）。

（4）对比发现，正断层与走滑断层中，起裂压力受各因素改变的影响情况不尽相同。参数自身的增加导致两种应力体制下起裂压力同时增加或同时减小的参数有：径向井方位角（起裂压力增加）、储层渗透率（起裂压力增加）、岩石杨氏模量（起裂压力增加）、水平地应力差（起裂压力减小）以及岩石泊松比（起裂压力减小）。随参数自身的增加导致两种应力体制下起裂压力改变趋势相反的参数有：径向井孔长（"正断层"起裂压力增加；

"走滑断层"起裂压力减小)和孔径("正断层"起裂压力增加；
"走滑断层"起裂压力减小)。

（5）正断层地应力机制下，趾端应力集中区域内，单个因素的改变会导致趾端应力极大值的改变。对每个因素的不同水平分析结果取平均值，分析各个参数对趾端应力改变的影响规律，结果显示，趾端所受应力的平均值由大到小依次为水平地应力差（−4.47MPa）、储层渗透率（−4.58MPa）、孔长（−4.71MPa）、孔径（−5.27MPa）、岩石杨氏模量（−5.99MPa）、岩石泊松比（−6.31MPa）、径向井方位角（−6.53MPa）。研究说明，随着水平地应力差的增加，最有可能在径向井趾端产生易起裂区；而径向井方位角的改变，使得径向井趾端产生起裂区域的可能最小。同理，对走滑断层应力机制下每个因素的不同水平分析结果取平均值，分析各个参数对端应力改变的影响规律，结果显示，趾端所受应力的平均值值由大到小依次为渗透率（−5.76MPa）、孔长（−6.31MPa）、径向井方位角（−6.85MPa）、孔径（−7.05MPa）、杨氏模量（−7.35MPa）、压差（−7.44MPa）、泊松比（−7.87MPa）。说明，随着水平地应力差的增加，有可能在径向井趾端产生易起裂区；而泊松比的改变，使得径向井趾端产生起裂区域的可能最小。

（6）无论正断层地应力机制还是走滑断层应力机制，研究参数范围内，起裂点位置始终位于径向井根部距直井井壁0.499m处。相比几十米长的径向井来说，可认为起裂点在径向井根部。这个结论，将会作为后续裂缝扩展建模中初始裂缝定位的理论依据。

第4章　单孔径向井引导水力裂缝扩展数值模拟

径向水平井压裂技术是在高压水射流钻出径向水平井的基础上，进行水力压裂，在径向井井眼附近形成高导流能力的裂缝，以增加产油量的技术。目前，国内外针对该技术发表的文献资料较少，在胜利、江苏和辽河油田目前正处于探索阶段，尚未深入开展相关理论研究，该技术工艺参数设计和控制急需理论支撑。

本研究拟建立用于模拟径向井水力压裂的三维裂缝扩展模型，开展单径向井水力压裂数值模拟研究，研究控制单径向井对水力裂缝引导强度的因素(径向井孔长、孔径、径向井方位角、水平地应力差、储层渗透率、岩石杨氏模量、岩石泊松比、压裂液排量和黏度)及其影响规律，明确单径向井有效引导水力裂缝定向扩展的机理和适用条件。本研究在扩展有限元理论基础上，考虑流-固耦合效应，以国际先进有限元计算软件 Abaqus 作为研究平台，对径向井引导水力压裂裂缝的扩展过程进行了三维数值模拟研究，揭示了单孔径向井相关参数以及储层参数和施工参数对水力压裂裂缝的导向规律。

4.1　水力压裂模拟扩展有限元方法理论研究

4.1.1　线弹性断裂力学理论与动态裂缝扩展理论

采用扩展有限元思想在裂缝尖端构造形函数时，需要借助线弹性断裂力学的解答。因此，有必要对线弹性断裂力学给以解释。

断裂力学中描述某一种材料在受力发生断裂的情况时，通常按照材料的受力和变形情况将裂缝分为三种情况：张开型裂缝、滑移型裂缝以及撕开型裂缝，如图 4-1 所示。

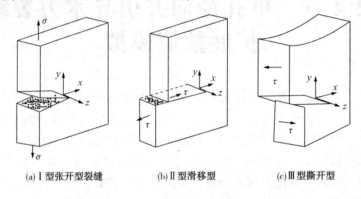

(a) Ⅰ型张开型裂缝　　(b) Ⅱ型滑移型　　(c) Ⅲ型撕开型

图 4-1　三种不同形态裂缝

在上述三种基本裂缝模型的基础上，实际裂缝往往是受到多种应力的情况下发生了断裂，比如材料同时受到正应力作用和剪切力作用，或者材料所受正应力与裂缝存在一定的角度，那么就会出现Ⅰ型裂缝和Ⅱ型裂缝，或者Ⅰ型裂缝和Ⅲ型裂缝同时存在的形式，这样的裂缝组合形式统称为复合型裂缝。下面重点介绍各种裂缝尖端应力场和位移场的基本数学表述方法和理论。

1）张开型裂缝（Ⅰ型裂缝）

对于无限大平板中心存在一条长 2a 的裂缝来说，在受到双向轴向拉应力作用情况下，根据弹塑性力学经典解答可知，裂缝尖端附近的应力场以及位移场分量数学表达式如下。

裂缝尖端区域的应力场分量表达式：

$$\sigma_{xx}(r, \ \theta) = \frac{K_1}{\sqrt{2\pi r}} \cos \frac{\theta}{2} \left[1 - \sin \frac{\theta}{2} \sin \frac{3\theta}{2} \right] \qquad (4-1)$$

$$\sigma_{yy}(r,\ \theta)=\frac{K_{\mathrm{I}}}{\sqrt{2\pi r}}\cos\frac{\theta}{2}\left[1+\sin\frac{\theta}{2}\sin\frac{3\theta}{2}\right] \qquad (4\text{-}2)$$

$$\sigma_{zz}(r,\ \theta)=\begin{cases}0\\v(\sigma_{xx}+\sigma_{yy})\end{cases} \qquad (4\text{-}3)$$

裂缝尖端区域的位移场分量表达式:

$$\sigma_{xz}(r,\ \theta)=\sigma_{yz}(r,\ \theta)=0 \qquad (4\text{-}4)$$

$$u(r,\ \theta)=\frac{K_{\mathrm{I}}}{2u}\sqrt{\frac{r}{2\pi}}\cos\frac{\theta}{2}\left[K-1+\sin^{2}\frac{\theta}{2}\right] \qquad (4\text{-}5)$$

$$v(r,\ \theta)=\frac{K_{\mathrm{I}}}{2u}\sqrt{\frac{r}{2\pi}}\sin\frac{\theta}{2}\left[K+1-2\cos^{2}\frac{\theta}{2}\right] \qquad (4\text{-}6)$$

$$w(r,\ \theta)=0 \qquad (4\text{-}7)$$

式中,K_{I} 为 I 型裂缝应力强度因子,是表征裂缝尖端区域应力场强弱的参数。

2)滑移型裂缝(II型裂缝)

对于无限大平板中心存在一条长 $2a$ 的裂缝来说,在无限远处受到剪切作用情况下,根据弹塑性力学经典解答可知,裂缝尖端附近的应力场以及位移场分量数学表达式如下。

裂缝尖端区域的应力场分量表达式:

$$\sigma_{xx}(r,\ \theta)=\frac{K_{\mathrm{II}}}{\sqrt{2\pi r}}\sin\frac{\theta}{2}\left[2+\cos\frac{\theta}{2}\cos\frac{3\theta}{2}\right] \qquad (4\text{-}8)$$

$$\sigma_{xy}(r,\ \theta)=\frac{K_{\mathrm{II}}}{\sqrt{2\pi r}}\sin\frac{\theta}{2}\cos\frac{\theta}{2}\cos\frac{3\theta}{2} \qquad (4\text{-}9)$$

$$\sigma_{xz}(r,\ \theta)=v(\sigma_{xx}+\sigma_{yy}) \qquad (4\text{-}10)$$

$$\sigma_{xy}(r,\ \theta)=\frac{K_{\mathrm{II}}}{\sqrt{2\pi r}}\cos\frac{\theta}{2}\left[1-\sin\frac{\theta}{2}\cos\frac{3\theta}{2}\right] \qquad (4\text{-}11)$$

裂缝尖端区域的位移场分量表达式:

$$\sigma_{xz}(r,\ \theta)=\sigma_{yz}(r,\ \theta)=0 \qquad (4\text{-}12)$$

$$u(r, \theta) = \frac{K_{\mathrm{II}}}{2u}\sqrt{\frac{r}{2\pi}}\sin\frac{\theta}{2}\left[K+1+\cos^2\frac{\theta}{2}\right] \qquad (4-13)$$

$$v(r, \theta) = \frac{K_{\mathrm{II}}}{2u}\sqrt{\frac{r}{2\pi}}\cos\frac{\theta}{2}\left[K-1+2\sin^2\frac{\theta}{2}\right] \qquad (4-14)$$

$$w(r, \theta) = 0 \qquad (4-15)$$

式中，K_{II} 为 II 型裂缝应力强度因子，是表征裂缝尖端区域应力场强弱的参数。

3）撕开型裂缝（III 型裂缝）

对于无限大平板中心存在一条长 $2a$ 的裂缝来说，z 轴方向在无限远处受到均匀剪切应力作用的情况下，根据弹塑性力学经典解答可知，裂缝尖端附近的应力场以及位移场分量数学表达式如下。

裂缝尖端区域的应力场分量表达式：

$$\sigma_{xx}(r, \theta) = 0 \qquad (4-16)$$

$$\sigma_{yy}(r, \theta) = 0 \qquad (4-17)$$

$$\sigma_{zz}(r, \theta) = 0 \qquad (4-18)$$

$$\sigma_{xy}(r, \theta) = 0 \qquad (4-19)$$

$$\sigma_{xz}(r, \theta) = \frac{K_{\mathrm{III}}}{\sqrt{2\pi r}}\sin\frac{\theta}{2} \qquad (4-20)$$

$$\sigma_{yz}(r, \theta) = \frac{K_{\mathrm{III}}}{\sqrt{2\pi r}}\cos\frac{\theta}{2} \qquad (4-21)$$

裂缝尖端区域的位移场分量表达式：

$$u(r, \theta) = 0 \qquad (4-22)$$

$$v(r, \theta) = 0 \qquad (4-23)$$

$$w(r, \theta) = \frac{K_{\mathrm{III}}}{2u}\sqrt{\frac{r}{2\pi}}\sin\frac{\theta}{2} \qquad (4-24)$$

同理，K_{III} 为 III 型裂缝应力强度因子，是表征裂缝尖端区域应力场强弱的参数。

4）复合型裂缝模式

对于大多数平面问题，都以Ⅰ型裂缝和Ⅱ型裂缝混合的形式居多。求解其复合裂缝尖端区域应力场和位移场的方法只需将Ⅰ型裂缝和Ⅱ型裂缝模型的应力场分量以及位移场分量相叠加，就可获得复合型裂缝(Ⅰ型裂缝和Ⅱ型裂缝复合)尖端附近的应力场分量表达式：

$$\sigma_{xx}(r,\theta)=\frac{K_{\mathrm{I}}}{\sqrt{2\pi r}}\cos\frac{\theta}{2}\left[1-\sin\frac{\theta}{2}\sin\frac{3\theta}{2}\right]-$$
$$\frac{K_{\mathrm{II}}}{\sqrt{2\pi r}}\sin\frac{\theta}{2}\left[2+\cos\frac{\theta}{2}\cos\frac{3\theta}{2}\right] \quad(4-25)$$

$$\sigma_{xy}(r,\theta)=\frac{K_{\mathrm{I}}}{\sqrt{2\pi r}}\cos\frac{\theta}{2}\left[1+\sin\frac{\theta}{2}\sin\frac{3\theta}{2}\right]+$$
$$\frac{K_{\mathrm{II}}}{\sqrt{2\pi r}}\cos\frac{\theta}{2}\sin\frac{\theta}{2}\cos\frac{3\theta}{2} \quad(4-26)$$

$$\sigma_{xy}(r,\theta)=\frac{K_{\mathrm{I}}}{\sqrt{2\pi r}}\cos\frac{\theta}{2}\sin\frac{\theta}{2}\cos\frac{3\theta}{2}+\frac{K_{\mathrm{II}}}{\sqrt{2\pi r}}$$
$$\cos\frac{\theta}{2}\left[1-\sin\frac{\theta}{2}\sin\frac{3\theta}{2}\right] \quad(4-27)$$

同理，可得到复合型裂缝的位移场分量表达式：

$$u_x=\frac{K_{\mathrm{I}}}{4u}\sqrt{\frac{r}{2\pi}}\left[(2K-1)\cos\frac{\theta}{2}-\cos\frac{3\theta}{2}\right]+\frac{K_{\mathrm{II}}}{4u}\sqrt{\frac{r}{2\pi}}\left[(2K+3)\sin\frac{\theta}{2}+\sin\frac{3\theta}{2}\right] \quad(4-28)$$

$$u_x=\frac{K_{\mathrm{I}}}{4u}\sqrt{\frac{r}{2\pi}}\left[(2K+1)\sin\frac{\theta}{2}-\sin\frac{3\theta}{2}\right]+\frac{K_{\mathrm{II}}}{4u}\sqrt{\frac{r}{2\pi}}\left[(2K-3)\cos\frac{\theta}{2}+\cos\frac{3\theta}{2}\right] \quad(4-29)$$

式中　E——材料弹性模量；

    v——材料泊松比；

    u——材料剪切模量。

在裂缝尖端应力场形式一定的情况下，应力场的强度的与应力强度因子有着直接的关系，应力强度因子决定了裂缝尖端区域应力场的大小，因此，常将应力强度因子作为一个判断裂缝是否失稳的重要衡量参数。

5）基于 Griffith 方法的裂缝扩展机理

除了上文中所述的应力强度因子外，学术界还有另一种解释裂缝起裂扩展的机理方法，那就是基于能量平衡角度的 Griffith 方法。

多年前，Griffith 就从能量的角度分析解释了裂缝扩展的机理。其理论基础认为，断裂物体只有在释放出来的应变能达到裂缝形成所需的表面能情况下，裂缝才能扩展。Griffith 给出了单位厚度无限大平板中有一条长度为 a 的裂缝，在裂缝垂向上受到单向均匀拉伸应变情况下的应变能大小计算公式为：

$$V_\varepsilon = -\frac{\sigma^2}{2E}\pi a^2 \tag{4-30}$$

式中　E——要形成裂缝的表面能。

要使得裂缝扩展 $\mathrm{d}a$，根据上述假设，必须要求应变能释放量与裂缝长度的导数值与裂缝表面能与裂缝长度的导数值相等，即：

$$\frac{\partial(V_\varepsilon + E_s)}{\partial_a} = 0 \tag{4-31}$$

式中，

$$E_s = 2\gamma a \tag{4-32}$$

其中，γ 为单位面积表面能。式（4-31）实际表现出的力学效应为裂缝扩展的驱动力与阻碍裂缝扩展的应力相等的含义。那么通过推导上式，很容易可以得到确保裂缝扩展的外应力值应为：

$$\sigma_f = \sqrt{\frac{2E\gamma}{a\pi}} \qquad (4-33)$$

针对岩性材料，经常使用临界应变能释放率 G_c 来代替表面能，那么对于岩性材料上式改写为：

$$\sigma_f = \sqrt{\frac{EG_c}{a\pi}} \qquad (4-34)$$

对于复合型裂缝，近 30 年来，国内外学者都开展了大量的实验和理论研究，而针对复合型裂缝的断裂准则，总结一下主要有：最大周向应力强度因子理论，最大切应力强度因子理论，最小应变能密度强度因子理论以及上文所述的能量释放率准则。

4.1.2　水力裂缝扩展模型中的线性弹牵引分离本构模型以及损伤理论

1) 线性弹牵引分离本构模型

本书在模拟水力裂缝扩展过程中采用的是线性弹牵引分离本构模型，考虑的裂缝扩展形态为复合型断裂问题。模型假定岩石最初力学行为为线性弹性行为，判断裂缝扩展采用的是能量释放率准则。

根据经典弹性力学理论可知，线弹性牵引分离本构模型数学表达式如下：

$$t = \begin{Bmatrix} t_n \\ t_s \\ t_t \end{Bmatrix} = \begin{bmatrix} K_{nn} & 0 & 0 \\ 0 & K_{ss} & 0 \\ 0 & 0 & K_{tt} \end{bmatrix} \begin{Bmatrix} \delta_n \\ \delta_s \\ \delta_t \end{Bmatrix} = K\delta \qquad (4-35)$$

式中，t 表示岩石所受法向牵引应力，其一个法向和两个切向的应力分量分别为 t_n、t_s、t_t，对应的分离变量依次为 δ_n、δ_s、δ_t。K_{nn}、K_{ss}、K_{tt} 由扩展单元的弹性性质计算得到。线弹性牵引分离本构数学模型通过将岩石法向应力、剪切应力与法向分离、剪切分离相关联，但同时又假定法向刚度分量与切向刚度分量之间没有耦合情况，也就是说，法向分离或者位移不会引发应力单元产生切向应力，切向分离或者位移也不会导致受力单元在法向产生粘性力。

线弹性牵引分离本构模型模拟材料损伤破坏的过程通常分为两个阶段：破坏初始阶段和破坏演变阶段。当材料达到损伤初始标准后，依据已定义破坏演变规则裂缝将会发生损伤扩展。图4-2给出了典型的线性或非线性牵引分离响应关系曲线。线弹性牵引分离本构模型假定破裂材料在受纯压缩应力情况下不会发生损伤作用。

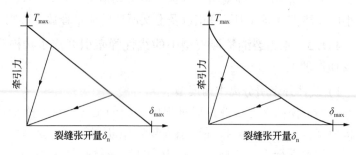

图4-2　线性或非线性牵引分离响应关系曲线

对于扩展单元中的牵引分离响应模型，其损伤的定义与一般材料的定义相同，而扩展单元的优点是不需要指定不含损伤的牵引分离响应。

2）破坏初始判断准则

通常将材料刚度开始弱化的状态定义为材料的破坏初始。目前，定义材料破坏初始的准则较多，常用的准则有：最大名义应力准则、最大名义应变准则、最大主应力准则、最大主应变准则、平方应力准则、平方应变准则等，其判断表达式如下：

最大名义应力准则 MAXS：$f = \max\left\{\dfrac{\langle\sigma_n\rangle}{\sigma_n^{\max}}, \dfrac{\sigma_s}{\sigma_s^{\max}}, \dfrac{\sigma_t}{\sigma_t^{\max}}\right\} = 1$

最大名义应变准则 MAXE：$f = \max \left\{ \dfrac{\langle \varepsilon_n \rangle}{\varepsilon_n^{\ max}}, \dfrac{\varepsilon_s}{\varepsilon_s^{\ max}}, \dfrac{\varepsilon_t}{\varepsilon_t^{\ max}} \right\} = 1$

最大主应力准则 MAXPS：$f = \left\{ \dfrac{\langle \sigma_{max} \rangle}{\sigma_{max}^0} \right\} = 1$

最大主应变准则 MAXPE：$f = \left\{ \dfrac{\langle \varepsilon_{max} \rangle}{\varepsilon_{max}^0} \right\} = 1$

平方应力准则 QUADS：$f = \left\{ \dfrac{\langle \sigma_n \rangle}{\sigma_n^{\ max}} \right\}^2 + \left\{ \dfrac{\sigma_s}{\sigma_s^{\ max}} \right\}^2 + \left\{ \dfrac{\sigma_t}{\sigma_t^{\ max}} \right\}^2 = 1$

平方应力准则 QUADE：$f = \left\{ \dfrac{\langle \varepsilon_n \rangle}{\varepsilon_n^{\ max}} \right\}^2 + \left\{ \dfrac{\varepsilon_s}{\varepsilon_s^{\ max}} \right\}^2 + \left\{ \dfrac{\varepsilon_t}{\varepsilon_t^{\ max}} \right\}^2 = 1$

式中，σ_n、σ_s、σ_t 依次为受力单元法向、第一切向、第二切向所受应力；$\sigma_n^{\ max}$、$\sigma_s^{\ max}$、$\sigma_t^{\ max}$ 依次为受力单元法向、第一切向、第二切向可承受最大临界应力。

具体用哪种准则由具体的材料特性而定，水力压力模拟分析中，最常用的是采用最大主应力准则来判断岩石所受拉应力是否达到其抗拉强度，达到了到其抗拉强度认为岩石刚度开始弱化，反之，则认为岩石刚度没有出现弱化。

最大主应力准则是 $f = \left\{ \dfrac{\langle \sigma_{max} \rangle}{\sigma_{max}^0} \right\}$，$\sigma_{max}^0$ 代表最大许用主应力，$\langle \ \rangle$ 是 Macaulay 括号，表示纯的压应力不会导致损伤的发生。最大主应力准则认为，当材料所受最大主应力度达到某一定额定值时，损伤开始发生。

3）破坏演变准则

材料出现损伤后，在其力学性能退变的过程中，材料继续发生破坏的过程称之为破坏演化，通过本阶段刚度的弱化程度来表示这个过程。本研究采用的是能量释放率准则，能量释放率准则是以最大能量释放理论为依据，来判断复合裂缝的扩展问题。最大能量释放率理论做了两点假定：①假定裂缝在最大能量释放率的方向上发生扩展现象，即 $\dfrac{\partial G_\theta}{\partial \theta}=0$，$\dfrac{\partial^2 G_\theta}{\partial \theta^2}<0$，那么可求得 $\theta=\theta_0$；②最大能量释放率达到某一额定临界值时，裂缝开始发生扩展，即 $\dfrac{\partial G_\theta}{\partial \theta}G_\theta \mid_{\theta-\theta_0}=G_K$。

Abaqus 平台提供了三种能量释放率准则，分别是 BK 定律（BK law）、指数定律（power law）和 Reeder 定律模式（Reeder law model），以下对三种能量释放率准则进行介绍。

为了定义裂缝扩展临界能量释放率，Benzeggagh 和 Kenane 两位学者提出了著名的 BK 定律，BK 定律用来判断裂缝释放能量是否达到临界状态，表达式如下：

$$G_{\text{eqiovC}}=G_{\text{I C}}+\left(G_{\text{II C}}-G_{\text{I C}}\right)\left(\frac{G_{\text{III}}+G_{\text{II}}}{G_{\text{III}}+G_{\text{II}}+G_{\text{I}}}\right)^{\eta} \tag{4-36}$$

式中，G_{equivC} 为裂缝临界断裂能量释放率，N/mm，当裂缝尖端节点处计算的能量释放率大于 BK 临界能量释放率时，认为裂缝尖端开裂，裂缝向前扩展。式中，其他参数含义如下：$G_{\text{I C}}$ 为法向裂缝断裂韧度，N/mm；$G_{\text{II C}}$ 为第一切向裂缝裂缝断裂韧度，N/mm；G_{I} 为法向裂缝能量释放率，N/mm；G_{II} 为第一切向裂缝裂缝能量释放率，N/mm；G_{III} 为第二切向裂缝裂缝能量释放率，N/mm；η 为混合常数 G_{I}、G_{II}、G_{III} 依次为扩展单元法向、第一切向以及第二切向应力在其相应位移上所做的功（其值的大小等于牵引分离曲线中应力对位移数值积分所得到的值）。

图 4-3 为牵引（应力）-分离（位移）典型的关系曲线示意图。图中，随着两点（或两个面）相对位移的增大，牵引应力呈线性增长，在达到极大值 A 点后，损伤现象出现，随着位移的继续增加，牵引应力逐步下降，模型的刚度也不断降低，直到 B 点。此刻，应力和材料刚度都下降为 0。

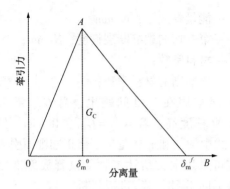

图 4-3 牵引(应力)-分离(位移)关系曲线示意图

图中 δ_m^0——破坏起始时刻(即 $D>0$ 时)受力单元节点的最大分

离量(位移);

G_C——裂缝的临界断裂能量释放率[也就是式(4-36)中的

G_{eqiovC},即粗线三角形的下方面积];

K——材料刚度,即曲线上升阶段的斜率,其标准单位

为 Pa/m;

δ_m^f——$D=1$ 时节点对应的张开量。

指数定律(power law)是由 Wu 和 Reuter 等提出来的另一个

通过能量释放率来评价裂缝是否扩展的准则,其表达式如下:

$$\frac{G_{equiv}}{G_{eqiovC}} = \left(\frac{G_I}{G_{IC}}\right)^a + \left(\frac{G_{II}}{G_{IIC}}\right)^a + \left(\frac{G_{III}}{G_{IIIC}}\right)^a \tag{4-37}$$

Reeder 定律(Reeder law)也是 Abaqus 平台引入的另一个判

断裂缝破坏演化的能量准则,它由 Reeder 等建立,其表达式

如下:

$$G_{eqiovC} = G_{IC} + (G_{IIC} - G_{IC})\left(\frac{G_{III} + G_{II}}{G_{III} + G_{II} + G_I}\right)^\eta +$$

$$(G_{IIIC} - G_{IIC})\left(\frac{G_{III}}{G_{III} + G_{II}}\right)\left(\frac{G_{III} + G_{II}}{G_{III} + G_{II} + G_I}\right)^\eta \tag{4-38}$$

式中　　G_{equiv}——能量释放率；N/mm；

$\quad\quad\quad G_{\mathrm{III}C}$——第三切向裂缝断裂韧度，N/mm；

$\quad\quad\quad a$——材料常数；

$\quad\quad\quad \eta$——该准则的材料常数；

Reeder 定律被用在三维问题里，当 $G_{\mathrm{II}C} \neq G_{\mathrm{III}C}$ 时，使用 Reeder 定律计算精度高；若 $G_{\mathrm{II}C} = G_{\mathrm{III}C}$，Reeder 定律便简化为 B-K 定律。上式中的 a 和 η 皆是为了修正准则而引入的参数。

破坏演变可采用上文所述三种能量释放率准则（BK 定律、指数定律和 Reeder 定律模式）进行判断。

4）刚度弱化参数 D

水力裂缝的扩展需要通过两步计算来实现：第一步，根据上文理论计算能量释放率 G_{eqiovC}；第二步，引入刚度弱化参数 D 来描述当满足初始损伤准则后，黏性刚度的软化率。本书中，刚度弱化参数 D 定义如下：

刚度弱化参数 D 是通过应力与位移的关系来确定的，对线性损伤演化裂缝来说，D 的计算表达式如下：

$$D = \frac{\delta_{\mathrm{m}}^{f}(\delta_{\mathrm{m}}^{\max} - \delta_{\mathrm{m}}^{0})}{\delta_{\mathrm{m}}^{\max}(\delta_{\mathrm{m}}^{f} - \delta_{\mathrm{m}}^{0})} \quad\quad (4-39)$$

式中　　δ_{m}^{0}——破坏起始时刻（即 $D > 0$ 时）单元节点张开量；

$\quad\quad\quad \delta_{\mathrm{m}}^{f}$——$D = 1$ 时单元节点的张开量；

$\quad\quad\quad \delta_{\mathrm{m}}^{\max}$——加载过程中单元节点的最大张开量。

对于非线性损伤演化过程，破裂材料刚度弱化参数 D 的计算表达式如下：

$$D = \int_{\delta_{\mathrm{m}}^{0}}^{\delta_{\mathrm{m}}^{f}} \frac{T_e}{G_{\mathrm{C}} - G_0} \mathrm{d}\delta \quad\quad (4-40)$$

式中　　T_e——等效应力

$\quad\quad\quad G_0$——单元节点起裂时，所加载应力对位移所做的功。

当采用能量释放率，刚度弱化参数 D 的计算表达式如下：

$$t_s = (1-D) T_s \begin{cases} t_n = \begin{cases} (1-D) T_n, & T_n \geqslant 0 \\ T_n, & T_n < 0 \end{cases} \\ t_t = (1-D) T_t \end{cases} \tag{4-41}$$

式中，刚度弱化参数 D 取值在 0 和 1 之间，通过联立式(4-40)和式(4-41)可算得 D 值。$D=0$ 时，表示断裂材料完整未发生破坏，$D=1$ 时，表示断裂材料完全达到破坏。T_n 为线弹性应力条件下单元法向应力分量，T_s 和 T_t 分别为受力单元第一切向应力分量和第二切向应力分量。具体计算表达式为：

$$\begin{cases} T_n = \begin{cases} \dfrac{\tau_{max}}{\delta_n^0}\delta(\delta \leqslant \delta_n^0) \\ \dfrac{\delta_n^f - \delta}{\delta_n^f - \delta_n^0}\delta_{max}(\delta > \delta_n^0) \end{cases} \\ T_t = \begin{cases} \dfrac{\tau_{max}}{\delta_t^0}\delta(\delta \leqslant \delta_t^0) \\ \dfrac{\delta_s^f - \delta}{\delta_t^f - \delta_t^0}\tau_{max}(\delta > \delta_t^0) \end{cases} \\ T_s = \begin{cases} \dfrac{\tau_{max}}{\delta_s^0}\delta(\delta \leqslant \delta_s^0) \\ \dfrac{\delta_s^f - \delta}{\delta_s^f - \delta_s^0}\tau_{max}(\delta > \delta_s^0) \end{cases} \end{cases} \tag{4-42}$$

对于 B-K 准则，其表达式也可以写成如下形式：

$$G^c = G_B^C + (G_S^C - G_n^C)\left(\dfrac{G_S}{G_T}\right)^\eta \tag{4-43}$$

式中　G_n——材料法向断裂能；

　G_S、G_T——材料第一切向和第二切向断裂能；

　　η——混合常数。式(4-45)中参数与 B-K 准则中参数存在如下关系：

其中，G_n、G_s、G_T由下式计算得到：

$$G^c = \frac{1}{2} K \delta_m^0 \delta_m^f \tag{4-44}$$

$$G_n = \int_0^{\delta_n^{\max}} \sigma_n d\delta_n \tag{4-45}$$

$$G_s = \int_0^{\delta_s^{\max}} \tau_s d\delta_s \tag{4-46}$$

$$G_1 = \int_0^{\delta_1^{\max}} \tau_1 d\delta_1 \tag{4-47}$$

δ_s、δ_1依次为受力单元法向和切向的位移；K代表单元界面刚度；δ_m^0为混合型裂缝模式情况下，受力单元刚达到退化区间所对应的临界位移；$\delta_m^{\max}$为混合型裂缝模式情况下，受力单元达到最终失效破裂时刻所对应的临界位移值。本研究采用 B-K 准则进行计算，除了 B-K 准则外，Abaqus 平台还提供了指数准则，这里不再赘述。

通过定义参数 δ_n^0、δ_t^0、δ_s^0 值或通过定义最大应力值 $\sigma_{\max}^0$、G_{eqiovC} 和材料的刚度 K，都可以利用上述公式求取刚度弱化参数 D。其中，数 δ_n^0、δ_t^0、δ_s^0 分别为受力单元法向以及两个切向刚开始进入退化区间时刻所对应的临界位移值。

基于能量释放角度来研究裂缝扩展机理，其本质为能量释放率与受力单元法向、切向位移的相互影响关系。水力裂缝扩展过程中，核心问题是求解刚度弱化因子 D，从而得到破裂单元的刚度、应力状况以及破坏行为中能量释放率的大小，进而达到模拟水力裂缝扩展过程的目的。

4.1.3 扩展有限元基本理论与原理

对于传统有限元方法，在模拟裂缝等不连续性质单元的时候，要求所划分网格几何不连续。因此，需要对划分网格进行网格重构，以满足裂缝尖端区域奇异渐进场的计算要求。如果需要模拟裂缝扩展过程，那么所划分网格要不断地进行调整和重新划分以满足裂缝扩展过程中的几何不连续性。这样，极大地增加了计算成本和运算精度，且适应性不强。针对此难题，扩展有限元方法（XFEM）孕育而生。扩展有限元方法是由Belytschko 和 Black 在 1999 年首次提出。该方法基于整体划分的思想，将扩展函数有效的插入有限元近似当中，隶属传统有限元的扩展方法。同时，扩展有限元方法又一定程度上保留了有限元方法一些优点，例如刚度矩阵的稀疏性以及对称性等。

1）单位分解法

1996 年之后，Melenk 和 Babuska 以及 Duarte 和 Oden 就先后分别提出了单位分解法思想（PUM）。该思想核心是将任意函数 $\Psi(x)$ 通过域内一组局部函数 $N_I(x)\Psi(x)$ 来表示。即对于任意函数 $\Psi(x)$，可表示为：

$$\Psi(x) = \sum_I [N_I(x)\Psi(x)] \qquad (4-48)$$

式中，是 $N_I(x)$ 有限元的形函数，它满足单位分解 $\sum_I [N_I(x)] = 1$ 的条件。在此基础上，便可对有限元的形函数进行改进处理。

单位分解法的核心思路是先"分片"再"黏合"。即先通过尽量精确的计算去逼近局部函数，达到"分片"目的，再通过"黏合"的方式，对各局部函数进行黏合，从而完成对函数的全局逼近。由于单位分解法从局部函数联系到整体分析，不存在裂缝与单元之间的非协调问题，且 Melenk 和 Babuska 等已证明其收敛性较好，因此，本研究基于单位分解的思想采用扩展有限元方法模拟裂纹的扩展是确实可行的。

扩展有限元最核心的思路就是通过引入附加函数来改进有限单元的位移空间。对于符合单位分解条件的向量函数 u，其逼近函数可写成如下形式：

$$u^h(x) = \sum_{I=1}^{N} N_I(x) \left[\sum_{a=1}^{M} \psi_a(x) a_I^a \right] \qquad (4-49)$$

式中　$N_I(x)$——有限元形函数；

　　　ψ_a——改进函数；

　　　M——改进函数的个数。

2) 裂缝贯穿单元的位移模式

在裂缝扩展路径中，贯穿单元的裂缝有其自己的位移场表达形式（见图 4-4），对于贯穿单元的裂缝其位移场 $u(x)$ 为：

$$u(x) = \sum_{j \in k_r \cap I} N_j(x) \left[u_j + b_j H(x) \right] \qquad (4-50)$$

式中，μ_j 表示节点位移向量的连续部分；b_j 表示被裂缝贯穿单元的节点改进自由度，即在相应自由度方向增加一个附加的自由度。N_j 表示节点形函数，I 表示所有单元节点的集合，k_r 表示被裂缝分割开来的节点集合（图中用正方形符号表示）。$H(x)$ 为 Heaviside 函数，表征裂缝贯穿单元后，导致位移不连续的特点。

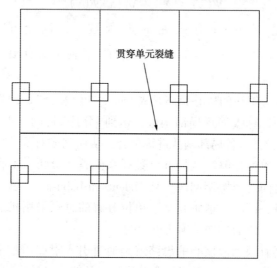

贯穿单元裂缝

图 4-4　贯穿单元裂缝示意图

$H(x)$ 的取值与裂缝位置有关，$H(x)$ 位于裂纹上端时，$H(x)$ 取 1；$H(x)$ 位于裂纹下端，$H(x)$ 取 -1：

$$H(x) = \begin{cases} 1, & (x - x^*) \cdot e_n > 0 \\ -1, & (x - x^*) \cdot e_n < 0 \end{cases} \quad (4-51)$$

式中　x——分析点；

$\quad\quad x^*$——裂缝上离 x 点最近的某点；

$\quad\quad e_n$——x^* 点的单位外法线向量。

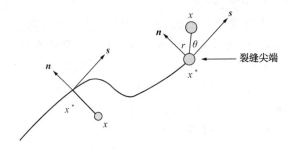

图 4-5　光滑裂缝法向和切向坐标示意图

3) 裂缝尖端区域的改进

裂缝尖端的表征通过裂缝尖端渐进函数与间断函数来表示（见图 4-5），裂缝尖端渐进函数主要用来模拟裂缝尖端区域应力的奇异性特征，间断函数主要用来模拟裂缝面上位移的跳跃。使用整体划分特性的位移向量函数 u 表示为：

$$u = \sum_{I=1}^{N} N_I(x) \left[u_I + H(x) a_I + \sum_{\alpha=1}^{4} F_\alpha(x) b_I^\alpha \right] \quad (4-52)$$

式中　$N_I(x)$——普通节点位移形函数；

$\quad\quad u_I$——位移求解连续部分；

$\quad\quad a_I$、b_I^α——节点扩展自由度向量；

$\quad\quad H(x)$——裂缝面的间断跳跃函数；

$\quad\quad F_\alpha(x)$——裂缝尖端应力渐进函数。

各项同性材料的裂缝尖端渐进函数 $F_\alpha(x)$ 记为:

$$F_\alpha(x)=\begin{bmatrix}\sqrt{r}\sin\dfrac{\theta}{2}, & \sqrt{r}\cos\dfrac{\theta}{2}, \\[2mm] \sqrt{r}\sin\theta\sin\dfrac{\theta}{2}, & \sqrt{r}\sin\theta\cos\dfrac{\theta}{2},\end{bmatrix} \quad (4-53)$$

式中,(r, θ) 为极坐标系,裂缝尖端切线方向对应 $\theta=0$,$\sqrt{r}\sin\dfrac{\theta}{2}$ 反映了裂缝表面的间断性。

通过引入裂尖函数对裂缝尖端区域进行了改进,一方面,通过 Heaviside 函数改进后的裂尖单元避免了裂缝在单元内部扩展停止导致裂缝尖端单元计算精度较差的问题;另一方面,改进函数用线弹性渐进裂尖场来处理,既保证了较好的裂尖形态,又能使较粗糙的网格单元具有较高计算精度。

4)裂缝扩展水平集模拟方法

水平集方法作为一种强大的数值分析手段可以模拟计算裂缝界面的运动,同时不需要网格重新划分。通过计算裂纹终点函数 Ψ 和 ϕ_i 的零水平集交集来更新函数 $\phi(X, t)$ 函数,实现裂缝扩展模拟过程(见图4-6)。函数 $\phi(X, t)$ 的更新和演化实际就是裂缝扩展的模拟过程。通过两个水平集函数来确定需要计算的扩展函数单元结点值。其中,裂缝界面是利用 $\phi(X(t), t)$ 函数相应的零水平集表征,而界面的变化实际是通过函数 $\phi(X, t)$ 的变化来反映的;界面的移动轨迹方程 $\gamma(t)\subset R^2$ 实际为 $\phi(X, t)$ 函数的水平集曲线 $R^2\times R\rightarrow R$。

其中,移动界面方程 $\gamma(t)$ 与 $\phi(X, t)$ 有如下关系:

$$\gamma(t)=\{X\in R^2: \phi(X, t)=0\} \quad (4-54)$$

$\phi(X, t)$ 函数的演化可以导致 $\gamma(t)$ 的改变演变。

$$\begin{cases}\phi_t+F\parallel\nabla\phi\parallel=0 \\ \phi(X, 0)\text{已知}\end{cases} \quad (4-55)$$

式中，F 表示裂缝界面上某点 $X \in \gamma(t)$ 在界面外法向上的速度。

水平集方法中符号距离函数通常表示为：

$$\phi(X,\ t) = \pm \min_{X_r \in \gamma(t)} \| X - X_r \| \qquad (4-56)$$

式中，$\phi(X,\ t)$ 用于描述裂纹面，当研究点 X 位于 $\gamma(t)$ 定义裂缝的上方处，上式取正号，反之为负。

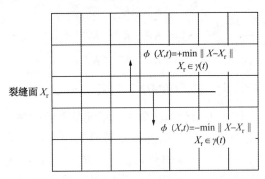

图 4-6　裂纹面模拟及计算点处的水平集函数示意图

5）离散方程的建立

通常，扩展有限元离散方程主要由虚功方程、支配方程和形函数的偏导数构成。分别对构成离散方程的各个方程进行介绍。

（1）虚功方程。

假如受力单元产生了一个虚位移 δu^h，位移模式确定后，扩展有限元的虚功方程表示如下：

$$\int_{\Omega} \varepsilon(u) C \delta \varepsilon^h \mathrm{d}\Omega = \int_{\Omega} F_b \delta u^h \mathrm{d}\Omega + \int_{\Gamma} F_s \delta u^h \mathrm{d}\Gamma + F \delta u^h$$

$$(4-57)$$

式中　F_b、F_s 和 F——受力单元所受体力、所受面力以及所受集中应力；

　　　　C——弹性矩阵；

　　　　$\varepsilon(u)$——应变函数。

（2）支配方程。

与传统有限元方法无异，扩展有限元的支配方程可由虚功原理推导得到：

$$Ku = R \qquad (4-58)$$

其中，K 为由各个单元劲度矩阵组合成的整体劲度矩阵。

$$K_{ij}^e = \begin{bmatrix} K_{ij}^{uu} & K_{ij}^{ua} & K_{ij}^{ub} \\ K_{ij}^{au} & K_{ij}^{aa} & K_{ij}^{ab} \\ K_{ij}^{bu} & K_{ij}^{ba} & K_{ij}^{bb} \end{bmatrix} \qquad (4-59)$$

$$K_{ij}^{rs} = \int_{\Omega} (B_i^r)^T D B_j^s \, \mathrm{d}\Omega \qquad (r,\ s = u,\ a,\ b) \qquad (4-60)$$

u、a、b 依次表示位移向量连续单元节点的改进自由度、被裂缝贯穿单元节点改进自由度以及裂缝尖端区域所含节点改进自由度；i、j 为单元结点的数目；B_i^u、B_i^a、B_i^b 依次为受力单元常规应变矩阵的附加应变矩阵、裂缝贯穿单元的附加应变矩阵以及裂缝尖端附近单元的附加应变矩阵。

$$B_i^u = \begin{bmatrix} \dfrac{\partial N_i}{\partial x} & 0 \\ 0 & \dfrac{\partial N_i}{\partial y} \\ \dfrac{\partial N_i}{\partial y} & \dfrac{\partial N_i}{\partial x} \end{bmatrix} (i=1,\ 2,\ 3,\ 4) \qquad (4-61)$$

$$B_i^a = \begin{bmatrix} \dfrac{\partial (N_i H)}{\partial x} & 0 \\ 0 & \dfrac{\partial (N_i H)}{\partial y} \\ \dfrac{\partial (N_i H)}{\partial y} & \dfrac{\partial (N_i H)}{\partial x} \end{bmatrix} (i=1,\ 2,\ 3,\ 4) \qquad (4-62)$$

$$
B_i^b = \begin{bmatrix}
\dfrac{\partial(N_i\phi_1)}{\partial x} & 0 & \dfrac{\partial(N_i\phi_1)}{\partial y} \\[2mm]
0 & \dfrac{\partial(N_i\phi_1)}{\partial x} & \dfrac{\partial(N_i\phi_1)}{\partial x} \\[2mm]
\dfrac{\partial(N_i\phi_2)}{\partial x} & 0 & \dfrac{\partial(N_i\phi_2)}{\partial y} \\[2mm]
0 & \dfrac{\partial(N_i\phi_2)}{\partial y} & \dfrac{\partial(N_i\phi_2)}{\partial x} \\[2mm]
\dfrac{\partial(N_i\phi_3)}{\partial x} & 0 & \dfrac{\partial(N_i\phi_3)}{\partial y} \\[2mm]
0 & \dfrac{\partial(N_i\phi_3)}{\partial y} & \dfrac{\partial(N_i\phi_3)}{\partial x}
\end{bmatrix}^T \quad (i=1,2,3,4) \quad (4\text{-}63)
$$

式（4-58）中的 R 代表整体荷载列阵，它由各个单元所受载荷矩阵集合组成：

$$
R = \{r_i^u,\ r_i^a,\ r_i^{b1},\ r_i^{b2},\ r_i^{b3},\ r_i^{b4}\}^T \quad (4\text{-}64)
$$

其中，r_i^u 表示常规单元所受荷载向量；r_i^a 表示被裂缝贯穿单元所受载荷向量；$\{r_i^{b1},\ r_i^{b2},\ r_i^{b3},\ r_i^{b4}\}^T$ 表示裂缝尖端单元所受载荷矩阵。计算过程中，无裂缝贯穿单元所受载荷矩阵表示为 $R = \{r_i^u,\ 0,\ 0,\ 0,\ 0,\ 0\}^T$ 裂缝完全贯穿单元所受载荷矩阵表示为 $R = \{r_i^u,\ r_i^a,\ 0,\ 0,\ 0,\ 0\}^T$ 裂缝尖端单元荷载列阵表示为 $R = \{r_i^u,\ 0,\ r_i^{b1},\ r_i^{b2},\ r_i^{b3},\ r_i^{b4}\}^T$。

（3）形函数的偏导。

扩展有限元方程中，形函数的偏导数方程如下：

$$
\begin{cases}
\dfrac{\partial(N_iH)}{\partial x} = \dfrac{\partial N_i}{\partial x}H \\[3mm]
\dfrac{\partial(N_iH)}{\partial y} = \dfrac{\partial N_i}{\partial y}H
\end{cases} \quad (4\text{-}65)
$$

$$\begin{cases} \dfrac{\partial(N_i\phi_j)}{\partial x}=\phi_j\dfrac{\partial N_i}{\partial x}+N_i\dfrac{\partial\phi_j}{\partial x}(j=1,2,3,4) \\ \dfrac{\partial(N_i\phi_j)}{\partial y}=\phi_j\dfrac{\partial N_i}{\partial y}+N_i\dfrac{\partial\phi_j}{\partial y}(j=1,2,3,4) \end{cases} \quad (4-66)$$

式（4-66）中，裂尖函数 ϕ_j 要对全局坐标 (x, y) 求偏导，就必须进行坐标变换，先计算裂尖函数 ϕ_j 对 (x_1, x_2) 的偏导数（见图 4-7）。

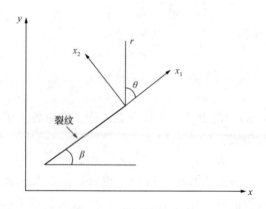

图 4-7　裂缝的局部坐标

$$\frac{\partial\phi_j}{\partial x}=\frac{\partial\phi_j}{\partial x_1}\cos\beta-\frac{\partial\phi_j}{\partial x_2}\sin\beta \quad (4-67)$$

$$\frac{\partial\phi_j}{\partial y}=\frac{\partial\phi_j}{\partial x_1}\sin\beta+\frac{\partial\phi_j}{\partial x_2}\cos\beta \quad (4-68)$$

$\dfrac{\partial\phi_j}{\partial x_1}$ 和 $\dfrac{\partial\phi_j}{\partial x_2}(j=1,2,3,4)$ 是求解式（4-68）的关键。分析发现，$\dfrac{\partial\phi_j}{\partial x_1}$ 和 $\dfrac{\partial\phi_j}{\partial x_2}(j=1,2,3,4)$ 可由 $\dfrac{\partial\phi_j}{\partial r}$ 和 $\dfrac{\partial\phi_j}{\partial\theta}$，$\dfrac{\partial r}{\partial x_1}$ 和 $\dfrac{\partial\theta}{\partial x_1}$ 及 $\dfrac{\partial r}{\partial x_2}$ 和 $\dfrac{\partial\theta}{\partial x_2}$ 计算，（式中，θ 表示裂缝尖端切线与 x 轴方向夹角）最终得

到$\dfrac{\partial \phi_j}{\partial x_1}$和$\dfrac{\partial \phi_j}{\partial x_2}$$(j=1,\ 2,\ 3,\ 4)$的表达式为：$\dfrac{\partial \phi_1}{\partial x_1}=-\dfrac{1}{2\sqrt{r}}\sin\dfrac{\theta}{2}$；$\dfrac{\partial \phi_2}{\partial x_1}$

$=\dfrac{1}{2\sqrt{r}}\cos\dfrac{\theta}{2}$；$\dfrac{\partial \phi_3}{\partial x_1}=-\dfrac{1}{2\sqrt{r}}\sin\dfrac{3\theta}{2}\sin\theta$；$\dfrac{\partial \phi_4}{\partial x_1}=-\dfrac{1}{2\sqrt{r}}\cos\dfrac{3\theta}{2}\sin\theta$；$\dfrac{\partial \phi_2}{\partial x_1}=$

$\dfrac{1}{2\sqrt{r}}\cos\dfrac{\theta}{2}$；$\dfrac{\partial \phi_1}{\partial x_2}=\dfrac{1}{2\sqrt{r}}\cos\dfrac{\theta}{2}$；$\dfrac{\partial \phi_3}{\partial x_2}=\dfrac{1}{2\sqrt{r}}\left(\sin\dfrac{\theta}{2}+\sin\dfrac{3\theta}{2}\cos\theta\right)$；$\dfrac{\partial \phi_4}{\partial x_2}=$

$\dfrac{1}{2\sqrt{r}}\left(\sin\dfrac{\theta}{2}+\cos\dfrac{3\theta}{2}\cos\theta\right)$。

6）扩展有限元法积分方案

扩展有限元方法与传统有限元网格划分方式不一样，由于对裂缝经过的单元不需要重新划分网格，若采用常规有限元法的积分方案，会导致计算过程中积分数目较少，计算精度达不到要求。因此，扩展有限元积分采用如下方案：

（1）对于没有 Heaviside 函数加强节点的单元，仍采用常规 2×2 个高斯积分点。

（2）对于存在 Heaviside 函数加强节点的单元，裂缝未穿过单元采用2×2 个高斯积分点；存在裂尖函数加强结点的单元，为保证计算精度，应采用4×4 个高斯积分点。

（3）对于裂缝穿过的单元，裂缝将一个单元分成两个子域，每个子域通过角点组成了 Delaunay 三角形，对于任一个 Delaunay 三角形内部都应采用 3 个高斯积分点进行计算。

（4）裂缝尖端区域是应力集中区域，裂缝继续扩展，将前方最近一个单元分成两个子域。同时，裂缝尖与裂缝尖端单元的角点连线将该子域又分成了大小不等的六个三角形单元。此时，对于任一个三角形单元内部都应采用 13 个高斯点进行积分。

4.1.4　裂缝中流体流动模拟

Abaqus 平台提供了两种常用形态的流体(牛顿流体和幂律流

体)以及相应的流动模型。无论哪种流体，其核心思路都是将流体在裂缝单元中的流动分解为与裂缝切向方向相同的切向流动和垂直于裂缝表面的法向流动，如图4-8所示。

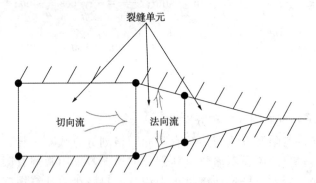

图4-8　裂缝单元中的流体流动

对于牛顿流体，裂缝单元内沿切向流动的数学表达式为：

$$Q = -k_t \nabla p \tag{4-69}$$

式（4-69）中，$k_t = \dfrac{d^3}{12\mu}$，Q 表示裂缝单元中流体的体积流量，d 表示裂缝单元张开尺度，μ 表示裂缝内流体的黏性系数，p 表示裂缝单元中流体压力。若裂缝内流体为幂律流体，上式流动模型应改写为：

$$q_d = -\left(\frac{2\alpha}{1+2\alpha}\right)\left(\frac{1}{K}\right)^{\frac{1}{\alpha}}\left(\frac{d}{2}\right)^{\frac{1+2\alpha}{\alpha}} \left\| \frac{1-\alpha}{\alpha} \right\| \nabla p \tag{4-70}$$

式中　K——幂律流体的稠度系数；

　　　α——幂律指数。

流体向裂缝面法向方向流入类似水力压裂过程中压裂液的滤失过程，通过流入裂缝单元上下面的体积速率来表示，如图4-9所示。流体在裂缝单元上下表面沿法向流动的数学表达式为：

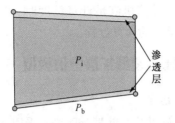

图 4-9　裂缝面滤失过程示意图

$$\begin{cases} q_t = c_t(p_i - p_t) \\ q_b = c_b(p_i - p_b) \end{cases} \tag{4-71}$$

式中　p_i——裂缝中流体压力，Pa；

　　　　p_t——裂缝上面表面孔隙压力，Pa；

　　　　p_b——裂缝下面表面孔隙压力，Pa；

　　　　q_t——上表面渗流量，m^3/s；

　　　　q_b——下表面渗流量，m^3/s；

　　　　c_t——上表面滤失系数；

　　　　c_b——下表面滤失系数。

　　总结上述研究内容，可得到利用扩展有限元技术模拟径向井水力压裂的计算方法为：首先通过式(4-69)或式(4-70)与式(4-71)定义压裂液注入排量，联立式(3-5)和式(4-39)~式(4-42)计算求得起裂点处表面压力，再通过式(3-11)计算目标区域单元节点位移增加量和孔隙压力的增加量，进而得到计算目标单元的位移量、应力以及孔压分布状况；接着利用最大主应力准则(或者别的判定准则)判断裂缝单元是否开裂，如果裂缝未开裂则流体流量会继续加大；若裂缝开裂，则通过式(4-36)判断裂缝是否扩展，裂缝未扩展则牵引-分离作用继续加大，若裂缝开始扩展，则形成下一个构形，重复上述计算。计算过程中，增量增加的过程需要迭代过程完成，通过指定一定的计算精度，当计算机满足计算精度时，将会结束一个增量步进入下一个增量步的计算过程。

4.2 水力压裂裂缝扩展数值模拟

4.2.1 模型建立

通过 Abauqs 软件建模并划分网格，采用 Abaqus 自带 Soil 模块对水力压裂过程中的流-固耦合规律进行模拟，利用 XFEM 模块模拟裂缝扩展，并使用四边形平面应变双线性位移缩减积分，引进沙漏来控制计算的收敛性，进行多线程计算。

4.2.2 假设条件

（1）压裂过程中，仅产生一条水力裂缝，裂缝起裂点位于径向井根部，最初沿着径向井方位起裂。

（2）地层岩石各向同性，模型中不存在天然裂缝。

以胜利油田 x 井为例，（表 4-1）建立半径 $R = 20$m、油层厚度 $H = 1.5$m 的三维数值模型，研究岩石物性参数以及施工参数对裂缝扩展的影响规律。

表 4-1　胜利油田 x 井基础参数

参　数	数　值	参　数	数　值
油层饱和度	1	岩石泊松比	0.25
初始孔隙压力/MPa	20	岩石弹性模量/GPa	12.9
初始孔隙率	0.16	储层渗透率/$10^{-3}\mu m^2$	60
水平最大主应力/MPa	41	滤失系数/$10^{-10}m \cdot s^{-1}$	10
水平最小主应力/MPa	36	压裂液排量/$m^3 \cdot min^{-1}$	3.2
上覆岩石应力/MPa	45	压裂液黏度/mPa·s	40
岩石抗拉强度/MPa	3.0	压裂液密度/(kg/m^3)	9800
直井井径/mm	139.7	模型大小/m	直径 40

4.3 结果分析

4.3.1 径向井方位角对裂缝扩展的影响规律

依照表4-1参数，建立了两套参数完全一样的数值模型，A模型中未组建径向井排，（见图4-10）；B模型在垂向方向组建井径 $\Phi=0.05\mathrm{m}$ 的一口径向井，其他参数保持一致（见图4-11），研究不同径向井方位角对水力裂缝的引导作用（径向井方位角指的是径向井方向与水平最大主应力方向夹角）。

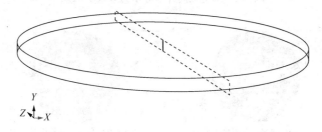

图4-10 未组建径向井的A模型 wireframe 视图

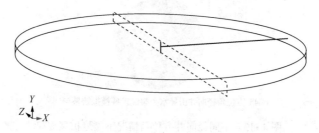

图4-11 添加径向井的B模型 wireframe 视图

A模型中，未受径向井引导的水力裂缝在最大水平地应力的作用下，沿最大主应力方向扩展（即 X 轴方向），如图4-12所示。

B模型中，水力裂缝受径向井的引导作用，自然扩展轨迹受应力干扰影响，未沿 A 模型的扩展路径延伸，水力裂缝走向发生改变，如图 4-13 所示。

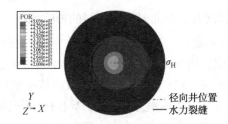

图 4-12　未受径向井引导水力裂缝扩展规律

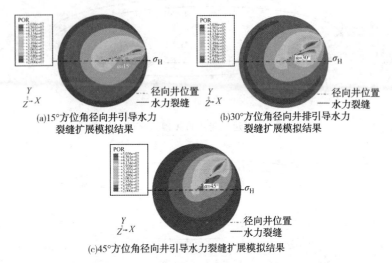

(a)15°方位角径向井引导水力　　　　(b)30°方位角径向井排引导水力
　　裂缝扩展模拟结果　　　　　　　　裂缝扩展模拟结果

(c)45°方位角径向井引导水力裂缝扩展模拟结果

图 4-13　不同径向井方位角情况下裂缝扩展规律

这里定义"引导因子（G）"来表征径向井对水力裂缝的引导效果。"引导因子"定义为：在二维平面上，水力裂缝与径向井以及圆形边界所围成的面积与整个平面面积的比值，即，$G = S_p/S$，示意图如图 4-14 所示。其中，S_p 为水力裂缝与径向井围成的面积，S 为二维平面总面积。G 的取值范围介于 0~0.25，此值越小，说明径向井引导水力裂缝效果越强，反之，说明径向井引导效果越弱。

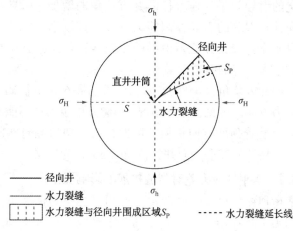

图4-14　定义引导因子 G 示意图

理论上，如果水力裂缝沿径向井轴线扩展，则此时 G 值为0，引导因子最小，引导效果最佳；当引导裂缝与径向井排夹角为90°时，G 取到极大值0.25，此时认为径向井对水力裂缝没有引导效果。大量数值模拟结果显示，利用引导因子 G 来判断径向井对水力裂缝的引导能力具有较高的可信度。利用引导因子 G 来判断 B 模型中不同射孔方位角的径向井对水力裂缝的引导能力，分析结果见表4-2。

表4-2　不同径向井方位角情况下的引导因子值

径向井方位角/(°)	引导因子 G
15	0.014
30	0.026
45	0.037

分析结果显示，对于井长 $L=20\text{m}$，井径 $\Phi=0.05\text{m}$，水平地应力差值为 5MPa 的模型，$15°\sim45°$ 径向井方位角情况下，都产生了一定的引导效果。随着径向井方位角的增加，引导因子变大，径向井对裂缝的引导控制能力减弱。且较小径向井方位角引导效果明显，较大方位角引导强度较弱，径向井方位角的不同会影响水力裂缝的引导效果。

当径向井方位角为 45° 时，水力裂缝扩展 6.02m 后明显转向最大主应力方向。可见，单孔情况下 45° 方位角已经不能明显引导水力裂缝沿着预期方向扩展。因此，为了使研究对实际更有指导意义，后续研究取径向井方位角为 30° 作为依据。

4.3.2 水平地应力差对裂缝扩展的影响规律

数值模拟研究发现，影响径向井引导裂缝扩展效果的主要因素之一为水平地应力差，水平地应力差在一定的范围内，径向井才可以产生足够的引导力，确保裂缝引导成功。为此，进行了单因素数值模拟实验，研究了不同水平地应力差值对水力裂缝的引导效果。为了保证单一因素验证的正确性，令井长 $L=20\text{m}$，井径 $\Phi=0.05\text{m}$，径向井方位角为 30°，保持最大水平主应力值 $\sigma_H=41\text{MPa}$，以及其他参数不变，依次改变最小水平主应力 σ_h 为 39MPa、36MPa、33MPa，分析不同水平地应力差对裂缝形态的影响规律，模拟结果如图 4-15 所示。

计算不同水平地应力差情况的引导因子 G，计算结果见表 4-3：

表 4-3　不同压差情况下的引导因子值

水平应力差值/MPa	引导因子 G
2	0.010
5	0.026
8	0.036

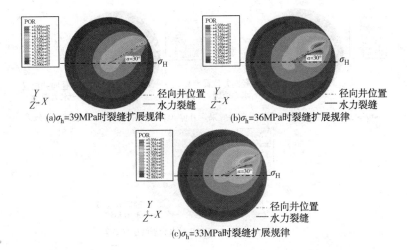

图4-15   不同压差情况下，径向井引导水力裂缝扩展模拟结果

计算结果显示，较大的水平地应力差不利于径向井对水力裂缝的引导，较小水平地应力差情况下，引导效果明显，见表4-3。给定参数下，当水平地应力差值达到8MPa时，引导因子为0.036，水力裂缝扩展7.53m后就沿最大主应力方向扩展，转向半径较小，裂缝偏转角较大，径向井引导效果较弱。当水平地应力差值为2MPa时，引导因子为0.010，水力裂缝扩展18.5m后沿最大主应力方向扩展，水力裂缝受径向井应力影响，转向半径较大，裂缝偏转角很小，引导效果明显。为了后续研究更具有实用性，后续研究中选取水平地应力差值为3MPa，保证径向井具有较强引导能力。

4.3.3   井径对裂缝扩展的影响规律

同样，保持井长 $L=20\text{m}$、径向井方位角为30°，水平主应力差值为3MPa，其他参数保持表4-1不变，分别建立了径向井直径 Φ 为0.03m、0.05m、0.07m的模型，研究井径对水力裂缝的引导能力，计算结果如图4-16所示。

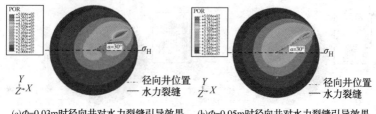

(a)Φ=0.03m时径向井对水力裂缝引导效果　(b)Φ=0.05m时径向井对水力裂缝引导效果

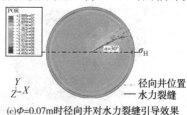

(c)Φ=0.07m时径向井对水力裂缝引导效果

图4-16　不同径向井井径情况下，径向井引导水力裂缝扩展模拟结果

从4-16图中可以看出，0.03m直径情况下，水力裂缝扩展8.13m后就发生明显转向，裂缝具有较小转向半径和较大的裂缝偏转角。0.05m直径的径向井在17.5m处发生明显转向，裂缝转向半径相比0.03m较大，其引导因子为0.015，引导强度相比0.03m井径强。同理，0.07m半径的径向井引导水力裂缝离径向井轴线更近，其引导因子为0.009(见表4-4)。水力裂缝扩展18.0m后发生偏转，引导强度最大，引导效果最强。可见，较大井径的径向井对水力裂缝的引导效果更好。井径越小，引导强度越弱，引导效果越不显著。

表4-4　不同井径情况下的引导因子值

井径/m	引导因子 G
0.03	0.036
0.05	0.015
0.07	0.009

4.3.4　径向井长度对裂缝扩展的影响规律

同样，令径向井井径 $\Phi = 0.05\mathrm{m}$，水平主应力差值为 3MPa，径向井方位角取 30°，其他参数保持不变，改变径向井的长度依次为 10m、15m、20m，分析井长对裂缝扩展的影响规律，模拟结果如图 4-17 所示。

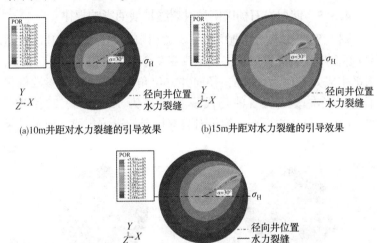

(a)10m井距对水力裂缝的引导效果　　(b)15m井距对水力裂缝的引导效果

(c)20m井距对水力裂缝的引导效果

图 4-17　30°径向井方位角情况下，不同井长对水力裂缝的引导效果

10m 长的径向井模型中，水力裂缝在沿着径向井方向扩展 6.2m 后，开始发生偏转，计算引导因子为 0.048，为三种井长中引导强度最弱，引导效果最差者(见表 4-5)。15m 长的径向井在基本沿着径向井方向扩展 12.8m 后偏转，引导因子为 0.024，引导强度居中。20m 长的径向井在基本沿着径向井方向扩展 17.5m 后偏转，引导因子为 0.015，引导效果为三者最优者。可见，井长较长的径向井相比井长较短的径向井可以较有效地控制裂缝偏转，防止裂缝较早转向最大主应力方向。

表 4-5　不同井长情况下的引导因子值

井长/m	引导因子 G
10	0.048
15	0.024
20	0.015

4.3.5　储层岩石杨氏模量对裂缝扩展的影响规律

研究发现，不同的地层岩石参数(杨氏模量、泊松比、渗透率)都会导致裂缝扩展形态发生改变。令径向井井径 $\Phi = 0.05\mathrm{m}$，水平主应力差值为 3MPa，径向井方位角取 30°，其他参数保持不变，依次改变岩石的杨氏模量参数为 12.9GPa、22.9GPa、32.9GPa，分析岩石杨氏模量对裂缝扩展的影响规律，模拟结果如图 4-18 所示。

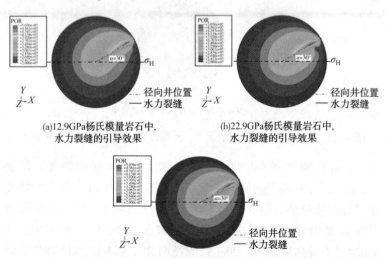

(a)12.9GPa杨氏模量岩石中,
水力裂缝的引导效果

(b)22.9GPa杨氏模量岩石中,
水力裂缝的引导效果

(c)32.9GPa杨氏模量岩石中,水力裂缝的引导效果

图 4-18　30°径向井方位角情况下，不同杨氏模量对水力裂缝的引导效果

12.9GPa 杨氏模量的数值模型中，水力裂缝在沿着径向井方向扩展 17.5m 后，开始发生偏转，计算引导因子为 0.015，为三种杨氏模量中引导强度最强，引导效果最优者(见表 4-6)。22.9GPa 杨氏模量的数值模型中，水力裂缝在基本沿着径向井方向扩展 16.9m 后偏转，引导因子为 0.017，引导强度居中。32.9GPa 杨氏模量的数值模型中，水力裂缝在基本沿着径向井方向扩展 16.8m 后偏转，引导因子为 0.018，引导效果为三者最差者。可见，杨氏模量的增加会削弱径向井的引导作用，但削弱程度较小。

表 4-6 　不同杨氏模量情况下的引导因子值

杨氏模量/GPa	引导因子 G
12.9	0.015
22.9	0.017
32.9	0.018

4.3.6 　储层岩石泊松比对裂缝扩展的影响规律

同理，令径向井井径 $\Phi = 0.05m$，水平主应力差值为 3MPa，径向井方位角取 30°，其他参数保持不变，依次改变岩石的泊松比参数为 0.15、0.20、0.25，分析岩石泊松比对裂缝扩展的影响规律，模拟结果如图 4-19 所示。

0.15 泊松比的数值模型中，水力裂缝在沿着径向井方向扩展 14.5m 后，开始发生偏转，计算引导因子为 0.020，为三种泊松比中引导强度最弱，引导效果最差者(见表 4-7)。0.20 泊松比的数值模型中，水力裂缝在基本沿着径向井方向扩展 16.3m 后偏转，引导因子为 0.016，引导强度居中。0.25 泊松比的数值模型中，水力裂缝在基本沿着径向井方向扩展 17.5m 后偏转，引导因子为 0.015，引导效果为三者最强者。可见，泊松比的增加会加强径向井的引导作用，泊松比越大引导水力裂缝效果越好。

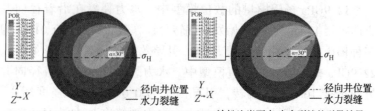

(a)0.15泊松比岩石中,水力裂缝的引导效果　(b)0.2泊松比岩石中,水力裂缝的引导效果

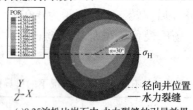

(c)0.25泊松比岩石中,水力裂缝的引导效果

图 4-19　30°径向井方位角情况下，不同泊松比对径向井
对水力裂缝的引导效果

表 4-7　不同泊松比情况下的引导因子值

泊松比	引导因子 G
0.15	0.020
0.20	0.016
0.25	0.015

4.3.7　储层渗透率对裂缝扩展的影响规律

同理，依次改变储层的渗透率参数为 $1\times10^{-3}\,\mu m^2$、$10\times10^{-3}\,\mu m^2$、$100\times10^{-3}\,\mu m^2$，分析渗透率对裂缝扩展的影响规律，模拟结果如图 4-20 所示。

$1\times10^{-3}\,\mu m^2$ 渗透率的数值模型中，水力裂缝一直沿着径向井方向扩展，基本没有发生偏转，计算引导因子为 0.004，为三种渗流中引导强度最强，引导效果最优者（见表 4-8）。$10\times10^{-3}\,\mu m^2$ 渗透率的数值模型中，水力裂缝也基本沿着径向井方向扩展未曾发生偏转，引导因子为0.010，但相比$1\times10^{-3}\,\mu m^2$渗透率数值模型，水力裂缝离径向井距离较远，引导强度居中。100×10^{-3} μm^2渗透率的数值模型中，水力裂缝在基本沿着径向井方向扩展16.7m后偏转，引导因子为0.017，引导效果为三者最弱。可见，渗透率的增加会削弱径向井的引导作用，渗透率越小，更易在径向井周围形成憋压区域，易于引导水力裂缝沿着理想方向扩展。

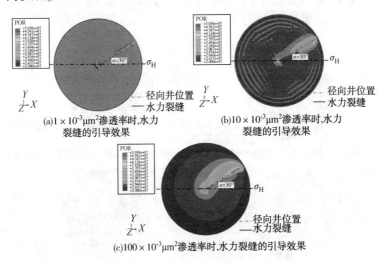

(a)$1\times10^{-3}\,\mu m^2$渗透率时,水力裂缝的引导效果

(b)$10\times10^{-3}\,\mu m^2$渗透率时,水力裂缝的引导效果

(c)$100\times10^{-3}\,\mu m^2$渗透率时,水力裂缝的引导效果

图4-20　30°径向井方位角情况下，不同渗透率对径向井对水力裂缝的引导效果

表4-8　不同渗透率情况下的引导因子值

渗透率/$10^{-3}\,\mu m^2$	引导因子 G
1	0.004
10	0.010
100	0.017

4.3.8 压裂液黏度对裂缝扩展的影响规律

除了储层岩石参数以外，压裂施工参数比如压裂液黏度、压裂液排量也会对裂缝扩展形态产生影响。因此，分析施工参数对裂缝形态的影响规律显得同样重要。令径向井井径 $\Phi =$ 0.05m，水平主应力差值为3MPa，径向井方位角取30°，其他参数保持不变，依次改变压裂液的黏度为1mPa·s、50mPa·s、100mPa·s、150mPa·s分析压裂液黏度对裂缝扩展的影响规律，模拟结果如图4-21所示。

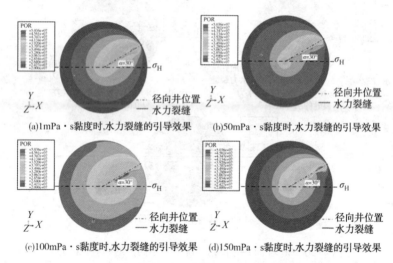

(a)1mPa·s黏度时,水力裂缝的引导效果　　(b)50mPa·s黏度时,水力裂缝的引导效果

(c)100mPa·s黏度时,水力裂缝的引导效果　　(d)150mPa·s黏度时,水力裂缝的引导效果

图4-21　30°径向井方位角情况下，不同渗透率对径向井
对水力裂缝的引导效果

1mPa·s的数值模型中，水力裂缝在沿着径向井方向扩展14.6m后，开始发生偏转，计算引导因子为0.021，为四种黏度中引导强度最弱，引导效果最差者(见表4-9)。50mPa·s的数值模型中，水力裂缝在基本沿着径向井方向扩展17.3m后偏转，引导因子为0.008，引导强度较强。100mPa·s的数值模型中，

水力裂缝在基本沿着径向井方向扩展17.9m后偏转，引导因子为0.007，引导效果为四者最强者。之后，当压裂液黏度增加到150mPa·s时，径向井引导水力裂缝的能力又有所下降，水力裂缝在沿着径向井方向扩展15.3m后，开始发生偏转，其引导因子为0.016。研究发现，压裂液黏度对引导强度有双重作用，黏度过大或过小都不利于径向井引导水力裂缝，压裂液黏度在50~100mPa·s引导效果较好。此结论可作为指导现场压裂施工的重要依据。

表4-9　不同黏度情况下的引导因子值

黏度/mPa·s	引导因子 G
1	0.021
50	0.008
100	0.007
150	0.016

4.3.9　压裂液排量对裂缝扩展的影响规律

同理，令径向井井径 $\Phi = 0.05$m，水平主应力差值为3MPa，径向井方位角取30°，其他参数保持不变，依次改变压裂液的排量为1m³/min、3m³/min、6m³/min、9m³/min，分析压裂液排量对裂缝扩展的影响规律，模拟结果如图4-22所示。

1m³/min排量的数值模型中，水力裂缝在沿着径向井方向扩展13.1m后，开始发生偏转，计算引导因子为0.023，为四种排量中引导强度最弱，引导效果最差者（见表4-10）。3m³/min排量的数值模型中，水力裂缝在基本沿着径向井方向扩展15.7m后偏转，引导因子为0.018，引导强度有所增加。6m³/min排量的数值模型中，水力裂缝在基本沿着径向井方向扩展17.1m后偏转，引导因子为0.011，引导效果更明显，当排量增加为9m³/min时，水力裂缝紧贴着径向井延伸且基本未发生明显的偏转。可见，排量的增加会加强径向井的引导作用，排量越大引导水力裂缝效果越好。此结论也可作为指导现场压裂施工的重要依据。

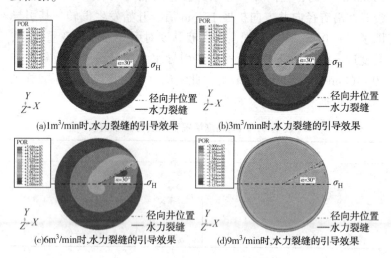

图 4-22　30°径向井方位角情况下，不同排量对径向井对水力裂缝的引导效果

表 4-10　不同排量情况下的引导因子值

排量/(m³/min)	引导因子 G
1	0.023
3	0.018
6	0.011
9	0.002

4.3.10　引导因素的灰色关联分析

灰色关联分析方法是根据各研究因素之间变化趋势的相似或相异程度来衡量因素间关联程度的一种数学方法。本研究采用灰色关联分析方法对影响水力裂缝引导强度的因素(径向井方

位角、水平地应力差、径向井井径以及径向井井距、杨氏模量等)进行无量纲均值化处理，计算各因素与"引导因子"的关联系数，并对影响效果进行综合分析，评价结果见表4-11。

表4-11　不同参数对应的灰色关联系数

编　号	参　数	关联系数
1	径向井方位角	0.7680
2	径向井井径	0.7537
3	径向井长度	0.7485
4	水平地应力差	0.7921
5	岩石杨氏模量	0.7465
6	岩石泊松比	0.5312
7	储层渗透率	0.7367
8	压裂液黏度	0.7354
9	压裂液排量	0.7476

通过灰色关联分析可知，水平地应力差值与"引导因子"的关联度居于第一位，关联系数为0.7921，说明水平地应力差的改变对引导效果影响最明显。其次是径向井相位角，关联系数为0.768，反映出径向井方位角也是影响引导效果的一个非常重要的因素。其次为径向井孔径，也是影响引导效果的重要因素，其关联系数为0.7537，对引导效果影响最小的因素为岩石泊松比，其关联系数仅为0.5312。说明岩石泊松的改变比对径向井引导水力裂缝的能力影响程度最小。各因素对径向井引导水力裂缝的影响能力由大至小的顺序为：水平地应力差值、径向井方位角、径向井孔径、径向井孔长、压裂液排量、岩石杨氏模量、储层渗透率、压裂液黏度、岩石泊松比。

4.4 本章小结

（1）本章主要介绍了线弹性断裂力学基本理论、扩展有限元基本原理、水力压力数值模拟中所用牵引-分离本构模型和相应损伤理论、模型建立过程，以及不同参数对水力裂缝的影响规律。

（2）首次定义了"引导因子"的含义，通过引入"引导因子"可对径向井引导水力裂缝的能力进行定量描述，这为研究径向井引导水力裂缝提供了极大的方便，通过大量模拟研究认为，"引导因子"能较真实反映径向井对水力裂缝的引导能力，引导因子越大，引导强度越弱，引导效果越差。

（3）考虑流-固耦合效应，利用扩展有限元方法分析了单径向井水力压裂过程中9种储层参数或者施工参数对水力裂缝扩展路径的影响规律。通过灰色关联分析可知，不同因素对单径向井引导水力裂缝的影响能力由大至小的顺序为：水平地应力差值、径向井方位角、径向井孔径、径向井孔长、压裂液排量、岩石杨氏模量、储层渗透率、压裂液黏度、岩石泊松比。

（4）以上是单因素分析结果，而大量数值模拟结果显示，井径、水平地应力差、径向井相位角以及其他因素是相互影响、共同制约着径向井对水力裂缝的引导效果。

第5章 多孔径向井引导水力裂缝扩展数值模拟

由于径向井水力压裂技术正处在油田现场实验阶段，学术界对于径向井引导水力压裂的裂缝起裂、扩展机理不明确，由于指向目标区的径向井方位未必贴近最大水平地应力方向，水力压裂裂缝很可能无法顺利地沿单径向井方向延伸沟通目标区域，裂缝可能中途偏向最大水平地应力方向，无法实现裂缝远端起裂扩展和有效沟通目标区域及裂缝深穿透的目的，导致储层增产效果不理想。

对于无法实现单径向井引导裂缝定向扩展的储层条件，开展多径向钻孔引导水力压裂裂缝定向扩展机理研究，结合理论分析和数值模拟，形成一套引导裂缝定向扩展的判断理论和方法。建立一定储层条件下，实现裂缝定向扩展的径向井完井参数、施工参数设计最优方案，为径向井水力压裂技术的有效实施提供可靠的科学依据。此外，本研究成果对于其他非常规油气藏，如致密油气、页岩气、煤层气等通过多径向井(钻头破岩)水力压裂引导裂缝定向扩展，利用缝间干扰实现体积改造目的技术也具有重要的参考价值和借鉴意义。

前文说过，刘勇等研究了在井筒中添加多个导向射孔，通过高压水射流对煤层进行开槽，致使裂纹尖端附近的剪切破坏区域出现萌生裂纹，然后压裂施工，引导形成新的裂缝走向。昝宏宇等通过水力压裂导向孔测试实验研究了导向孔的数目对水力裂缝的引导效果，认为足够多的导向孔可以产生有效的裂纹，对水力裂缝的产生和引导有一定积极的意义。

基于以上思路和理论，本书提出了在垂向上沿井筒间隔一定距离布置径向井，方向一致，共同指向目标区（如图 5-1 所示），利用径向井孔间干扰，克服原地应力场的控制（至少在一定的地应力差内）和非均质性（天然裂缝或弱胶结面）的干扰，实现人工控制水力裂缝沿井排方向定向扩展，形成纵切缝，增大泄油面积，有效沟通目标区域。

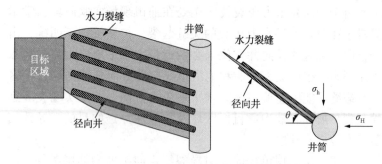

图 5-1　利用径向井排引导水利裂缝扩展示意图

但是，由于径向井和定向射孔在井眼长度、孔径以及孔距方面有着很大的差异，导致径向井对水力裂缝的引导效果与定向射孔有很大的区别。本章对多孔径向井（径向井排）引导水力压裂裂缝的扩展过程进行了三维数值模拟研究，揭示了径向井排参数对水力裂缝的导向规律。

5.1　水力压裂裂缝扩展数值模拟

5.1.1　模型建立

同上文思路，通过 Abaqus 软件建模并网格划分，采用 Abaqus 自带 Soil 模块对水力压裂过程中的流-固耦合规律进行模拟，利用 XFEM 模块模拟裂缝扩展，并使用四边形平面应变双线性位移缩减积分，引进沙漏来控制计算的收敛性，进行多线程计算。

5.1.2　假设条件

假设条件同第4章，即：

（1）压裂过程中，仅产生一条水力裂缝，裂缝起裂点位于径向井根部，最初沿着径向井方位起裂。

（2）地层岩石各向同性，模型中不存在天然裂缝。

同样，以胜利油田 x 井为例（见表5-1），建立半径 $R = 20m$、油层厚度 $H = 2 \sim 3m$（根据井距不同适当改变）的三孔径向井三维数值模型，模拟部分岩石物性参数以及施工参数对裂缝扩展的影响规律。

表5-1　胜利油田 x 井基础参数

参　数	数　值	参　数	数　值
油层饱和度	1	岩石泊松比	0.25
初始孔隙压力/MPa	20	岩石弹性模量/GPa	12.9
初始孔隙率	0.16	储层渗透率/$10^{-3}\mu m^2$	60
水平最大主应力/MPa	41	滤失系数/$10^{-10}m \cdot s^{-1}$	10
上覆岩石应力/MPa	45	压裂液黏度/mPa·s	40
水平最小主应力/MPa	36	压裂液排量/$m^3 \cdot min^{-1}$	3.2
岩石抗拉强度/MPa	3.0	压裂液密度/（kg/m^3）	9800
直井井径/mm	139.7	模型大小/m	直径40

5.2　结果分析

5.2.1　径向井排方位角对裂缝扩展的影响规律

同理，依照表5-1参数，建立了两套参数完全一样的数值模型，A 模型中未组建径向井排（见图5-2）；B 模型在垂向方向

组建径向井间距 $L = 0.5\mathrm{m}$，井径 $\Phi = 0.05\mathrm{m}$ 的三口径向井(见图5-3)，其他参数保持一致，研究不同径向井排方位角对水力裂缝的引导作用(径向井排方位角指的是径向井排方向与水平最大主应力方向夹角)。

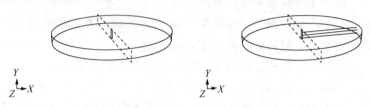

图5-2　未组建径向井排模型　　　图5-3　添加径向井排的模型
　　　wireframe 视图　　　　　　　　wireframe 视图

　　A模型中，未受径向井排引导的水力裂缝在最大水平地应力的作用下，沿最大主应力方向扩展(即 X 轴方向)，如图5-4所示。

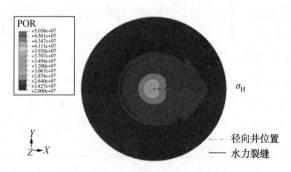

图5-4　未受径向井引导水力裂缝扩展规律

　　B模型中，水力裂缝受径向井排的引导作用，自然扩展轨迹受应力干扰影响，未沿A模型的扩展路径延伸，水力裂缝走向发生改变，如图5-5所示。

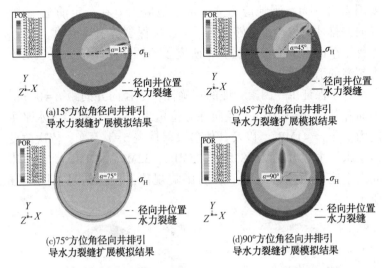

(a)15°方位角径向井排引
导水力裂缝扩展模拟结果

(b)45°方位角径向井排引
导水力裂缝扩展模拟结果

(c)75°方位角径向井排引
导水力裂缝扩展模拟结果

(d)90°方位角径向井排引
导水力裂缝扩展模拟结果

图 5-5   不同方位角径向井排引导水力裂缝扩展模拟结果

分析结果显示，对于井距 $L=0.5$m，井径 $\Phi=0.05$m 的径向井排来说，15°~90°射孔相位角情况下(见表5-2)，都产生了明显的引导效果。说明多孔径向井相比单孔径向井对水力裂缝的引导效果更强。随着射孔方位角的增加，引导因子变大，径向井对裂缝的引导控制能力减弱。可见，径向井排方位角的不同会影响水力裂缝的引导效果，且较小径向井排方位角引导效果明显，较大方位角引导强度较弱。

表 5-2   不同径向井排方位角情况下的引导因子值

径向井排方位角/(°)	引导因子 G	径向井排方位角/(°)	引导因子 G
15	0.011	75	0.063
45	0.022	90	0.209

5.2.2   水平地应力差对裂缝扩展的影响规律

数值模拟研究发现，影响径向井排引导裂缝扩展效果的主要因素之一为水平地应力差，水平地应力差在一定的范围内，径向井排才可以产生足够的引导力，确保裂缝引导成功。为此，进行了单因素数值模拟实验，研究了不同水平地应力差值对水力裂缝的引导效果。

为了保证单一因素验证的正确性，令径向井间距 $L = 0.5\text{m}$，径向井井径 $\Phi = 0.05\text{m}$，径向井方位角为 $45°$，保持最大水平主应力值 $\sigma_H = 41\text{MPa}$，以及其他参数保持表 5-1 不变，依次改变最小水平主应力 σ_h 为 38MPa、35MPa、32MPa、29MPa，分析不同水平地应力差对裂缝形态的影响规律，模拟结果如图 5-6 所示。

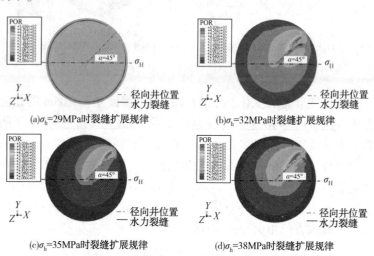

(a)$\sigma_h = 29\text{MPa}$时裂缝扩展规律　　　　(b)$\sigma_h = 32\text{MPa}$时裂缝扩展规律

(c)$\sigma_h = 35\text{MPa}$时裂缝扩展规律　　　　(d)$\sigma_h = 38\text{MPa}$时裂缝扩展规律

图 5-6　不同压差情况下，径向井排引导水力裂缝扩展模拟结果

计算结果显示，较大的水平地应力差不利于径向井排对水力裂缝的引导，较小水平地应力差情况下，引导效果明显（见表 5-3），给定参数下，当水平地应力差值达到 12MPa 时，引导因子为 0.039，水力裂缝扩展 9.51m 后就发生明显转向，沿最大

主应力方向扩展，转向半径较小，裂缝偏转角较大，径向井排引导效果较弱。当水平地应力差值为3MPa时，引导因子为0.020，水力裂缝扩展18.0m后发生转向，沿最大主应力方向扩展，水力裂缝受径向井排应力影响，转向半径较大，裂缝偏转角很小，引导效果明显。

计算不同水平地应力差情况的引导因子G，计算结果见表5-3。

表5-3　不同压差情况下的引导因子值

水平应力差值/MPa	引导因子 G	水平应力差值/MPa	引导因子 G
3	0.020	9	0.026
6	0.023	12	0.039

5.2.3　井径对裂缝扩展的影响规律

同样，保持井间距 $L=0.5$m、径向井排方位角为45°，水平主应力差值为5MPa，其他参数数保持不变，分别建立了径向井直径 Φ 为0.03m、0.05m、0.07m的模型，研究井径对水力裂缝的引导能力，计算结果如图5-7所示。

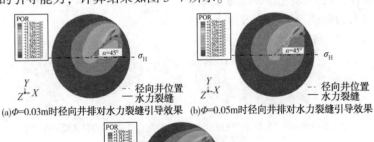

(a)$\Phi=0.03$m时径向井排对水力裂缝引导效果　(b)$\Phi=0.05$m时径向井排对水力裂缝引导效果

(c)$\Phi=0.07$m时径向井排对水力裂缝引导效果

图5-7　不同径向井井径情况下，径向井排引导水力裂缝扩展模拟结果

从图中可以看出，0.03m 直径情况下，水力裂缝扩展 14.22m 后就发生明显转向，裂缝具有较小转向半径和较大的裂缝偏转角。相同井距情况下，0.03m 直径的径向井排引导因子值为 0.024（见表 5-4），是三个井径中最大值，其引导水力裂缝的能力最弱。0.05m 直径的径向井排在 17.8m 处发生明显转向，裂缝转向半径相比 0.03m 较大，其引导因子为 0.022，引导强度相比 0.03m 井径强。同理，分析可知，0.07m 井径的径向井井排其引导因子为 0.011，引导强度最大，引导效果最强。可见，较大井径的径向井排对水力裂缝的引导效果更好。井径越小，引导强度越弱，引导效果越不显著。

表 5-4　不同井径情况下的引导因子值

井径/m	引导因子 G	井径/m	引导因子 G
0.03	0.024	0.07	0.011
0.05	0.022		

同时，研究发现，径向井井径对裂缝的宽度影响明显，小井径径向井产生的裂缝宽度小，较大井径有利于产生缝宽较大的水力裂缝，如图 5-8 所示。

(a)Φ=0.03m时水力裂缝宽度展示图　　(b)Φ=0.05m时水力裂缝宽度展示图

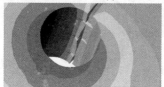

(c)Φ=0.07m时水力裂缝宽度展示图

图 5-8　不同径向井井径情况下，水力裂缝宽度模拟结果

模拟结果显示，0.03m 井径的径向井裂缝的平均宽度为 3mm，而 0.07m 井径的径向井裂缝平均宽度为 8mm，随着径向井井径的增加，水力裂缝的平均宽度逐步增加。大孔径径向井排有助于引导出裂缝宽度更大的裂缝。

5.2.4　径向井间距(孔数/每米)对裂缝扩展的影响规律

研究发现，垂向径向井之间的距离也影响着水力裂缝的引导效果。令径向井井径 $\Phi = 0.05m$，水平主应力差值为 5MPa，其他参数保持不变，建立了径向井排方位角为 45° 的 0.5m、0.8m、1m 井距数值模型，分析井间距对裂缝扩展的影响规律，如图 5-9 所示。

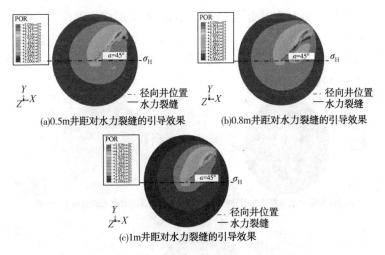

图 5-9　45°径向井排方位角情况下，不同井距对水力裂缝的引导效果

数值模拟结果显示，随着井距的增大，径向井排对水力裂缝的引导效果逐步变弱，在方位角为 45°情况下，0.5m、0.8m、1m 井距的径向井排都对水力裂缝起到一定的引导作用。引导因子计算结果显示，0.5m 井距的径向井排引导强度最大，引导因

子为 0.022，转向半径较大，裂缝偏转角小。0.8m 井距的径向井排引导强度次之。1m 井距的径向井排引导因子为 0.026，引导强度最弱，引导效果最差。较小井距更有利于径向井排对水力裂缝的引导(见表5-5)。

表5-5　不同井距情况下的引导因子值

井距/m	引导因子 G	井距/m	引导因子 G
0.5	0.022	1	0.026
0.8	0.025		

5.2.5　径向井长度对裂缝扩展的影响规律

同样，令径向井井径 $\Phi=0.05m$，水平主应力差值为 5MPa，径向井排方位角取 45°，其他参数保持不变，改变径向井的长度依次为 10m、15m、20m，分析井长对裂缝扩展的影响规律，模拟结果如图5-10所示。

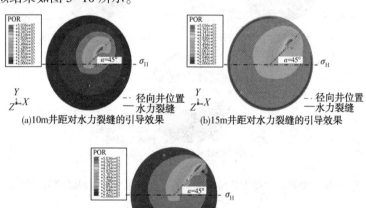

(a)10m井距对水力裂缝的引导效果　　(b)15m井距对水力裂缝的引导效果

(c)20m井距对水力裂缝的引导效果

图5-10　45°径向井排方位角情况下，不同井长对水力裂缝的引导效果

10m 长的径向井排在沿着径向井方向扩展 4.2m 后，开始发生偏转，计算引导因子为 0.058，为三种井长中引导强度最弱，引导效果最差者(见表 5-6)。15m 长的径向井排在基本沿着径向井方向扩展 12.1m 后偏转，引导因子为 0.037，引导强度居中。20m 长的径向井排在基本沿着径向井方向扩展 17.8m 后偏转，引导因子为 0.022，引导效果为三者最优者。可见，井长较长的径向井排相比井长较短的径向井排可以较有效地控制裂缝偏转，防止裂缝较早转向最大主应力方向。

表 5-6　不同井长情况下的引导因子值

井长/m	引导因子 G	井长/m	引导因子 G
10	0.058	20	0.022
15	0.037		

5.2.6　储层岩石杨氏模量对裂缝扩展的影响规律

同单孔径向井一样，地层岩石参数(杨氏模量、泊松比、渗透率)也会导致径向井排引导水力裂缝的效果。令径向井井径 $\Phi = 0.05m$，水平主应力差值为 5MPa，径向井排方位角取 45°，其他参数保持不变，依次改变岩石的杨氏模量参数为 12.9GPa、22.9GPa、32.9GPa，分析岩石杨氏模量对裂缝扩展的影响规律，模拟结果如图 5-11 所示。

12.9GPa 杨氏模量的数值模型中，水力裂缝在沿着径向井方向扩展 17.8m 后，开始发生偏转，计算引导因子为 0.022，为三种杨氏模量中引导强度最弱，引导效果最差者(见表 5-7)。22.9GPa 杨氏模量的数值模型中，水力裂缝在基本沿着径向井方向扩展 18.1m 后偏转，引导因子为 0.020，引导强度居中。32.9GPa 杨氏模量的数值模型中，水力裂缝离径向井间距最小，且在沿着径向井方向扩展 18.3m 后偏转，引导因子为 0.017，引导效果为三者最强者。可见，杨氏模量的增加会增加径向井排的引导作用。

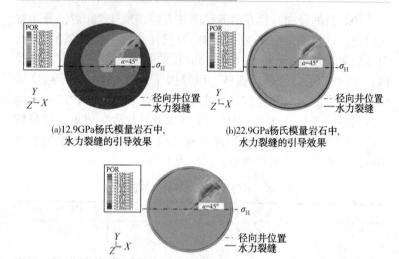

(a)12.9GPa杨氏模量岩石中，
水力裂缝的引导效果

(b)22.9GPa杨氏模量岩石中，
水力裂缝的引导效果

(c)32.9GPa杨氏模量岩石中，
水力裂缝的引导效果

图 5-11　45°径向井方位角情况下，不同杨氏模量对水力裂缝的引导效果

表 5-7　不同杨氏模量情况下的引导因子值

杨氏模量/GPa	引导因子 G	杨氏模量/GPa	引导因子 G
12.9	0.022	32.9	0.017
22.9	0.020		

5.2.7　储层岩石泊松比对裂缝扩展的影响规律

同理，令径向井井径 $\Phi=0.05\text{m}$，水平主应力差值为 5MPa，径向井方位角取 45°，其他参数保持不变，依次改变岩石的泊松比参数为 0.15、0.20、0.25，分析岩石泊松比对裂缝扩展的影响规律，模拟结果如图 5-12 所示。

0.15 泊松比的数值模型中，水力裂缝在沿着径向井方向扩展 18.0m 后，开始发生偏转，计算引导因子为 0.014，为三种泊松比参数中引导强度最强，引导效果最优的(见表 5-8)。0.20

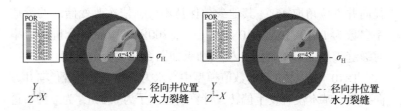

(a)0.15泊松比岩石中,水力裂缝的引导效果　　(b)0.2泊松比岩石中,水力裂缝的引导效果

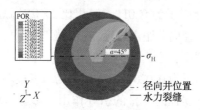

(c)0.25泊松比岩石中,水力裂缝的引导效果

图 5-12　45°径向井方位角情况下,不同泊松比对水力裂缝的引导效果

泊松比的数值模型中,水力裂缝在基本沿着径向井方向扩展 17.9m 后偏转,引导因子为 0.016,引导强度居中。0.25 泊松比的数值模型中,水力裂缝在基本沿着径向井方向扩展 17.8m 后偏转,引导因子为 0.022,引导效果为三者最弱。可见,泊松比的增加会削弱径向井排的引导作用,泊松比越大引导水力裂缝效果越差。

表 5-8　不同泊松比情况下的引导因子值

泊松比	引导因子 G	泊松比	引导因子 G
0.15	0.014	0.25	0.022
0.20	0.016		

5.2.8　储层渗透率对裂缝扩展的影响规律

同理,令径向井井径 $\Phi = 0.05m$,水平主应力差值为 5MPa,

径向井方位角取 45°，其他参数保持不变，依次改变储层的渗透率参数为 $1×10^{-3}$ μm^2、$10×10^{-3}$ μm^2、$100×10^{-3}$ μm^2，分析渗透率对裂缝扩展的影响规律，模拟结果如图 5-13 所示。

$1×10^{-3}$ μm^2 渗透率的数值模型中，水力裂缝一直沿着径向井方向扩展，基本没有发生偏转，计算引导因子为 0.006，为三种渗透率中引导强度最强，引导效果最优的（见表 5-9）。$10×10^{-3}$ μm^2 渗透率的数值模型中，水力裂缝也基本沿着径向井方向扩展未曾发生偏转，引导因子为 0.011，但相比 $1×10^{-3}$ μm^2 渗透率数值模型，水力裂缝离径向井距离较远，引导强度居中。$100×10^{-3}$ μm^2 渗透率的数值模型中，水力裂缝在基本沿着径向井方向扩展 15.1m 后偏转，引导因子为 0.026，引导效果为三者最弱。分析认为，渗透率的增加会削弱径向井排的引导作用，渗透率越小，更易在径向井排周围形成憋压区域，易于引导水力裂缝沿着理想方向扩展。

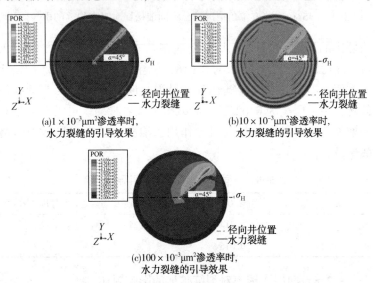

(a)$1×10^{-3}\mu m^2$渗透率时，
水力裂缝的引导效果

(b)$10×10^{-3}\mu m^2$渗透率时，
水力裂缝的引导效果

(c)$100×10^{-3}\mu m^2$渗透率时，
水力裂缝的引导效果

图 5-13　45°径向井方位角情况下，不同渗透率对水力裂缝的引导效果

表 5-9 不同渗透率情况下的引导因子值

储层渗透率/10^{-3} μm^2	引导因子 G	储层渗透率/10^{-3} μm^2	引导因子 G
1	0.006	100	0.026
10	0.011		

5.2.9 压裂液排量对裂缝扩展的影响规律

同理，压裂施工参数比如压裂液排量、压裂液黏度也会对裂缝扩展形态产生影响。令径向井井径 $\Phi = 0.05m$，水平主应力差值为 5MPa，径向井方位角取 45°，其他参数保持不变，依次改变压裂液的排量为 $3m^3/min$、$6m^3/min$、$9m^3/min$、$12m^3/min$分析压裂液排量对裂缝扩展的影响规律，模拟结果如图 5-14所示。

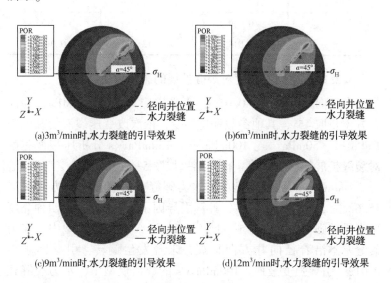

(a)3m³/min时,水力裂缝的引导效果   (b)6m³/min时,水力裂缝的引导效果

(c)9m³/min时,水力裂缝的引导效果   (d)12m³/min时,水力裂缝的引导效果

图 5-14 45°径向井方位角情况下，不同排量对水力裂缝的引导效果

3m³/min 排量的数值模型中，水力裂缝在沿着径向井方向扩展 14.4m 后，明显发生偏转，计算引导因子为 0.030，为四种排量中引导强度最弱，引导效果最差(见表 5-10)。6m³/min 排量的数值模型中，水力裂缝在基本沿着径向井方向扩展 17.9m 后偏转，引导因子为 0.016，引导强度有所增加。9m³/min 排量的数值模型中，水力裂缝在基本沿着径向井方向扩展 18.0m 后偏转，引导因子为 0.015，引导效果更明显，当排量增加为 12m³/min 时水力裂缝在基本沿着径向井方向扩展 18.5m 后偏转，引导因子为 0.011可见，排量的增加会加强径向井排的引导作用，排量越大径向井排引导水力裂缝效果越好。此结论可作为指导现场压裂施工的重要依据。

表 5-10　不同排量情况下的引导因子值

排量/(m³/min)	引导因子 G	排量/(m³/min)	引导因子 G
3	0.030	9	0.015
6	0.016	12	0.011

5.2.10　压裂液黏度对裂缝扩展的影响规律

令径向井井径 $\Phi=0.05$m，水平主应力差值为 5MPa，径向井方位角取 45°，其他参数保持不变，依次改变压裂液的黏度为 1mPa·s、50mPa·s、100mPa·s、150mPa·s 分析压裂液黏度对裂缝扩展的影响规律，模拟结果如图 5-15 所示。

1mPa·s 的数值模型中，水力裂缝在沿着径向井方向扩展 15.6m 后，开始发生偏转，计算引导因子为 0.014，为四种黏度中引导较强者，(见表 5-11)。50mPa·s 的数值模型中，水力裂缝基本沿着径向井方向扩展，未曾发生偏转，引导因子为 0.012，引导强度最强。100mPa·s 的数值模型中，水力裂缝在基本沿着径向井方向扩展 15.3m 后偏转，引导因子为 0.026，引导效果较弱。当压裂液黏度增加到 150mPa·s 时，径向井引导水力裂缝的能力继续下降，水力裂缝在沿着径向井方向扩展13.9m后，开始发生偏转，其引导因子为0.032。研究发现，压裂液黏度对引导强度有双重作用，黏度过大或过小都不利于径向井排引导水力裂缝，压裂液黏度在1~50mPa·s左右引导效果较好。此结论也可作为指导现场压裂施工的重要依据。

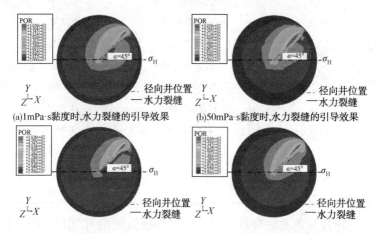

(a)1mPa·s黏度时,水力裂缝的引导效果　(b)50mPa·s黏度时,水力裂缝的引导效果

(c)100mPa·s黏度时,水力裂缝的引导效果　(d)150mPa·s黏度时,水力裂缝的引导效果

图5-15　45°径向井方位角情况下，不同渗透率对水力裂缝的引导效果

表5-11　不同黏度情况下的引导因子值

黏度/mPa·s	引导因子 G	黏度/mPa·s	引导因子 G
1	0.014	100	0.026
50	0.012	150	0.032

5.2.11　引导因素的灰色关联分析

同理，采用灰色关联分析方法对影响水力裂缝引导强度的因素(径向井排方位角、水平地应力差、径向井井径、井长、径向井井距、岩石杨氏模量等)进行无量纲均值化处理，计算各因

素与"引导因子"的关联系数，并对影响效果进行综合分析，评价结果见表5-12。

表5-12　不同参数对应的灰色关联系数

编号	参数	关联系数
1	径向井排方位角	0.7839
2	径向井井径	0.7548
3	径向井长度	0.7457
4	径向井间距	0.7545
5	水平地应力差	0.7680
6	岩石杨氏模量	0.7620
7	岩石泊松比	0.5910
8	储层渗透率	0.7532
9	压裂液黏度	0.7591
10	压裂液排量	0.7698

　　通过灰色关联分析可知，径向井排方位角与"引导因子"的关联度居于第一位，关联系数为0.7839，说明径向井排方位角的改变对引导效果影响最明显。其次是压裂液排量，关联系数为0.7698，反映出施工参数排量也是影响引导效果的一个非常重要的因素。其次为水平地应力差，也是影响引导效果的重要因素，其关联系数为0.7680，对引导效果影响最小的因素为岩石泊松比，其关联系数仅为0.5910。说明岩石泊松的改变比对径向井引导水力裂缝的能力影响程度最小。

　　各因素对径向井引导水力裂缝的影响能力由大至小的顺序为：径向井排方位角、压裂液排量、水平地应力差、岩石杨氏模量、压裂液黏度、径向井井径、径向井间距、储层渗透率、径向井长度、岩石泊松比。

　　以上也是单因素分析结果，同单孔径向井分析过程一样，笔者认为井径、井距、径向井排相位角以及其他因素是相互影响、共同制约着径向井排对水力裂缝的引导效果。

5.3　本章小结

（1）利用上节研究思路和数学建模方法，本节研究了多孔径向井水力压裂裂缝扩展规律。分析了 10 种储层参数或者施工参数对水力裂缝扩展路径的影响规律。通过三维数值模拟研究发现：垂向上科学的布置径向井排，在水力压裂施工过程中的确可以产生相比单孔径向井更强的作用力，引导水力裂缝沿着有利区域扩展。

（2）灰色关联分析结果显示，各因素对多径向井引导水力裂缝的影响能力由大至小的顺序为：径向井排方位角、压裂液排量、水平地应力差、岩石杨氏模量、压裂液黏度、径向井井径、径向井间距、储层渗透率、径向井长度、岩石泊松比。

（3）除压裂液黏度之外，其余参数单调递增或递减都会导致径向井对水力裂缝引导能力的增强或减弱，压裂液黏度过大或过小都不利于径向井引导裂缝向目标方向扩展，本模型参数情况下，压裂液黏度的最佳取值在 $1\sim50\text{mPa}\cdot\text{s}$。

第6章 不同裂缝形态下径向井产能预测

上文为了定量分析径向井对水力裂缝的引导强度，引入了"引导因子"的概念，将不规则扩展路径的水力裂缝与径向井轴线所包围的区域面积定量反映出来，进而揭示了径向井对水力裂缝的引导强度和引导效果。本章以"引导因子"为契合点，通过地质建模软件 Petrel 与油藏数值模拟软件 Eclipse 中的三维(油水)两相黑油模型相结合，分析不同参数下，径向井引导的水力裂缝所带来的产量增加量，定量评价各种参数所带来的经济效益。

6.1 研究思路

6.1.1 研究思路

本章的研究思路是假定研究区块存在 4 口油井，4 口井井距为 100m，分布规律如图 6-1(a)所示，模型厚度为油层厚度 1.5m。数值模拟首先模拟了 A、B、C、D 四口井投产后，保持井底流压为 10MPa 不变生产了两年的过程。两年后，四口井几乎没有了产量，形成了图 6-1(b)所示剩余油分布状况。通过径向井引导水力裂缝扩展，产生了不同扩展路径的水力裂缝。裂缝①、裂缝②、裂缝③皆为不同形态水力裂缝的"等效水力裂缝"[见图 6-1(c)]，其产能大小必然不一。定量预测分析径向井引导水力裂缝产能的大小对径向井完井参数以及压力施工参数的设计都有着非常重要的意义。

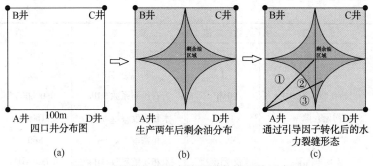

图 6-1　径向井压裂产能预测数模思路示意图

其中，A 井为我们上文所述胜利油田 x 井，也是下来本章节研究的目标井，产能预测数值模型参数见表 6-1~表 6-3。

6.1.2　Schedule 数据

研究区块共投入 4 口油井，分别为：A 井、B 井、C 井、D 井。其次，生产动态数据库的整理，主要包括：日期、生产时间、日产油量。根据物质平衡原理，动态数据拟采用每天的累积产油量。

6.1.3　时间步长设计

最小步长 1 天，最大步长 31 天。模拟起始时间分别为四口井定流压生产第一阶段：2014 年 1 月 1 日至 2015 年 12 月 31 日；径向井水力压裂后生产第二阶段：2016 年 1 月 1 日至 2027 年 1 月 1 日。

表 6-1　胜利油田 x 井基础参数和 PVT 参数表

参　　数	数　　值	参　　数	数　　值
井　　号	6-82 井	水相体积系数/（rm³/sm³）	1.00
完钻井深/m	1996m	油相体积系数/（rm³/sm³）	1.25

续表

参　　数	数　　值	参　　数	数　　值
射孔位置/m	1970m	油相黏度/cp	1.06
油层饱和度	1	饱和压力/MPa	7.85
初始孔隙压力/MPa	20MPa	岩石压缩系数/MPa	0.000005
初始孔隙率	0.16	水相密度/(kg/m³)	1000
直井井径/mm	139.7mm	油相密度/(kg/m³)	860
渗透率/μm²	60×10⁻³	水相压缩系数/MPa	0.0000041
水相黏度/cp	0.72	油相压缩系数/MPa	0.000046

表 6-2　油水相渗曲线及毛管压力曲线数据表

S_w	K_{rw}	K_{ro}	P_c(BARSA)
0.38	0	0.84	11
0.41	0.001	0.61	28
0.46	0.009	0.24	2.1
0.49	0.026	0.19	1.9
0.52	0.040	0.14	1.6
0.55	0.061	0.11	1.5
0.57	0.076	0.1	1.3
0.59	0.095	0.09	1.2
0.64	0.121	0.05	0.9
0.69	0.163	0.03	0.6
0.74	0.25	0	0.5
1	0.4	0	0.2

表 6-3　原始压力与深度关系数据表

深度/m	压力/MPa	深度/m	压力/MPa
1500	36	2000	45

6.2 储量拟合计算

应用 Petrel 地质建模软件进行建模，利用 Eclipse 模拟油井生产过程。为反应油藏的动态特征变化，对模型的网格系统介绍：平面上采用 2m×2m 均匀网格系统，纵向上只有一个小层，这样就形成网格为 103×103×1，模拟总节点数为 10609 个的网格体系。

6.2.1 定井底流压生产阶段模拟分析

首先模拟了从 2014 年 1 月 1 日至 2015 年 12 月 31 日定10MPa 井底流压的生产过程，数值模拟结果含油饱和度结果如图 6-2、图 6-3 所示。

经过两年的定流压生产，四口生产井在 2015 年底产量几乎为 0，累计产油 191.41m³（见图 6-4）。在此情况下，考虑采用径向井压裂技术开展增产措施。从 A 井向剩余油区块钻若干口径向井，并在此基础上进行水力压裂措施。水力裂缝在径向井的引导作用下向剩余油区块扩展。在上文裂缝扩展模拟结果的基础上，预测不同裂缝形态下的产能大小。

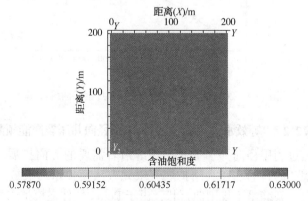

图 6-2　2014 年 1 月 1 日研究区域含油饱和度云图

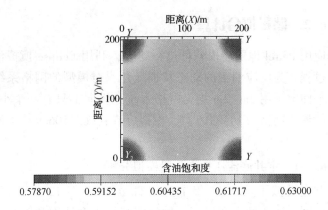

图 6-3　2016 年 1 月 1 日研究区域含油饱和度云图

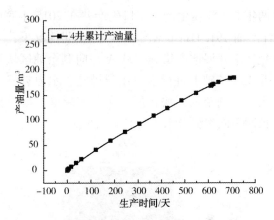

图 6-4　2014 年 1 月至 2015 年 12 月累产油统计图

6.2.2 "等效水力裂缝"的引入以及径向井压裂产能预测方法

通过利用径向井引导水力裂缝沿着需要的方向扩展，实现油井增产的目的。在利用扩展有限元方法模拟水力裂缝扩展的过程中，裂缝呈不规则曲折状，由于 Petrel 软件在模拟水力裂缝时，只能模拟直线型裂缝，不能模拟弯曲形态裂缝。为了研究方便，引入"等效水力裂缝"概念，通过构造等效水力裂缝，使其与径向井围成的面积 S'_p 与圆的面积之比 $\left(\dfrac{S'_p}{S}\right)$ 等于真实水力裂缝与径向井围成面积 S_p 与所对应圆之比 $\left(\dfrac{S_p}{S}\right)$，即 $\dfrac{S'_p}{S}=\dfrac{S_p}{S}$，如图 6-5 所示。这样构造等效水力裂缝的目的是使两者具有相同的引导因子 G。通过等效水力裂缝利用 Eclipse 软件模拟预测不同水力裂缝的增产效果，进而对真实形态水力裂缝的产能给予定量评价。

在建模的过程中，做两点假设：

（1）油井生产过程中，假定径向井不参与生产，油井增产量全部来自水力裂缝。

（2）"引导因子"相等的裂缝产能相等。

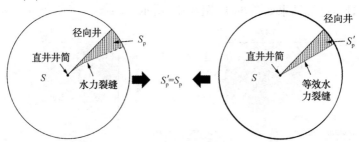

图 6-5 等效水力裂缝原理示意图

其中，数值模拟过程中，对等效水力裂缝的参数设定如下（见表 6-4）：

表 6-4 等效水力裂缝参数表

等效水力裂缝参数	数 值	等效水力裂缝参数	数 值
裂缝长度	70m	裂缝高度	1.5m（模型厚度）
导流能力	$20\mu m^2 \cdot cm$		

通过引入"引导因子"作为衔接点，用"等效水力裂缝"的可以方便地代替第 5 章和第 6 章中复杂形态的水力裂缝，为复杂水力裂缝的产能评价提供了依据。同时，本研究还考虑了如果未进行径向钻井，水力裂缝将沿最大主应力方向扩展的产能情况，为了表述方便取名为 F 裂缝。图 6-6 为 F 裂缝动态生产模拟结果。图 6-7 为某条件下单孔径向井水力裂缝动态生产模拟结果。图 6-8 为多孔径向井水力裂缝动态生产模拟结果。

6.2.3 径向井压裂水力裂缝产能预测

通过数值建模，对单孔与多孔径向井所引导的水力裂缝进行产能计算和预测。从产能角度分析对产能的影响规律；比较各因素水平的改变对产能增加幅度的影响程度，寻求对产能增加最有利因素。模拟时间从 2014 年 1 月 1 日开始至 2027 年 1 月 1 日，计算结果如图 6-9~图 6-17 所示。

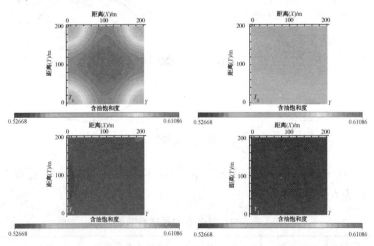

图 6-6　水力裂缝沿着最大主应力方向扩展情况下，
研究区域生产 11 年含油饱和度分布云图

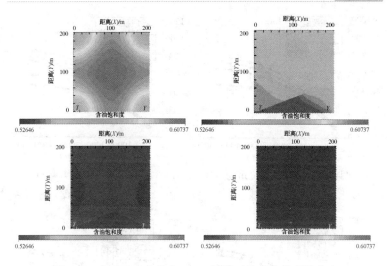

图6-7 水平地应力差为5MPa情况下单径向井引导水力
裂缝生产11年的含油饱和度分布云图

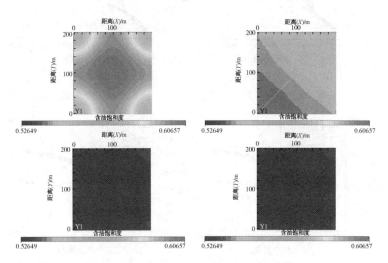

图6-8 孔径为7mm的多径向井引导水力裂缝
生产11年的含油饱和度分布云图

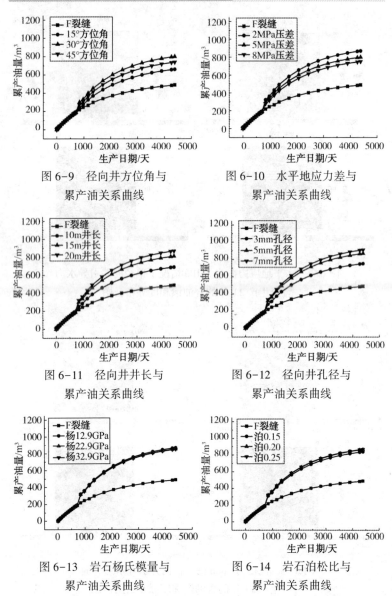

图 6-9　径向井方位角与
累产油关系曲线

图 6-10　水平地应力差与
累产油关系曲线

图 6-11　径向井井长与
累产油关系曲线

图 6-12　径向井孔径与
累产油关系曲线

图 6-13　岩石杨氏模量与
累产油关系曲线

图 6-14　岩石泊松比与
累产油关系曲线

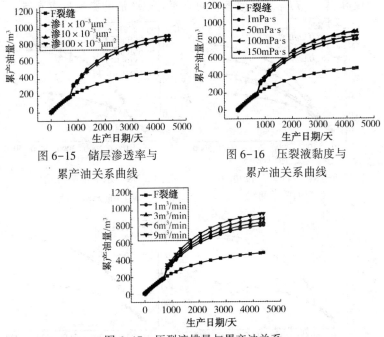

图 6-15　储层渗透率与
累产油关系曲线

图 6-16　压裂液黏度与
累产油关系曲线

图 6-17　压裂液排量与累产油关系

以上是不同单孔径向井孔长、孔径、孔间距、径向井方位角、水平地应力差、储层渗透率、岩石杨氏模量、岩石泊松比、压裂液排量和黏度条件下，A 井 13 年累产油量变化趋势图。同理，计算多孔径向井不同条件下的累产油结果如图 6-18～图 6-27 所示。

6.2.4　单孔径向井引导水力裂缝产能评价

分析所有因素，发现当压裂液排量增加为 $9m^3/min$ 时，12 年内四口井的累产油量为 $957.06m^3$，是单孔因素中累产油量最高值，相比不钻径向井直接压裂水力裂缝累产油（$488.89m^3$）高 95.76%。说明压裂液排量的适当提高对径向井产能的增加最有利。累产油量最小的为径向井方位角为 15° 时，此刻，四口油井累产油量为 $658.90m^3$，相比不钻径向井直接压裂水力裂缝累产油仅高出 34.77%。其他参数的改变对累产油的影响见表 6-5。

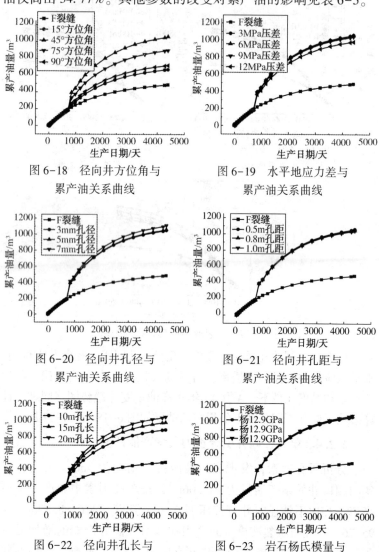

图 6-18 径向井方位角与
累产油关系曲线

图 6-19 水平地应力差与
累产油关系曲线

图 6-20 径向井孔径与
累产油关系曲线

图 6-21 径向井孔距与
累产油关系曲线

图 6-22 径向井孔长与
累产油关系曲线

图 6-23 岩石杨氏模量与
累产油关系曲线

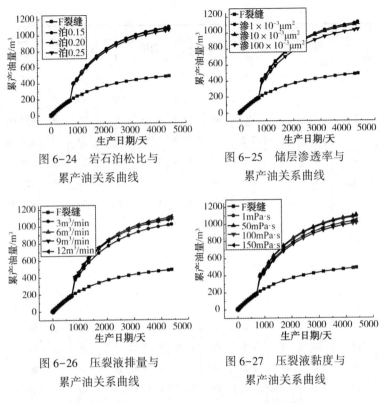

图 6-24　岩石泊松比与
累产油关系曲线

图 6-25　储层渗透率与
累产油关系曲线

图 6-26　压裂液排量与
累产油关系曲线

图 6-27　压裂液黏度与
累产油关系曲线

表 6-5　单孔径向井引导水力裂缝产能预测结果

序号 \ 因子水平	相位角/(°)	压差/MPa	排量/(m³/min)	黏度/mPa·s	杨氏模量/GPa	泊松比	渗透率/×10⁻³μm²	孔长/m	孔径/mm	累产油量/m³
1	30	2	3.2	40	12.9	0.25	60	20	5	867.69
2	30	5	3.2	40	12.9	0.25	60	20	5	798.55
3	30	8	3.2	40	12.9	0.25	60	20	5	749.46
4	30	3	1	40	12.9	0.25	60	20	5	818.10
5	30	3	3	40	12.9	0.25	60	20	5	852.07

序号	相位角/(°)	压差/MPa	排量/(m³/min)	黏度/mPa·s	杨氏模量/GPa	泊松比	渗透率/×10⁻³μm²	孔长/m	孔径/mm	累产油量/m³
6	30	3	6	40	12.9	0.25	60	20	5	897.73
7	30	3	9	40	12.9	0.25	60	20	5	957.06
8	30	3	3.2	1	12.9	0.25	60	20	5	828.68
9	30	3	3.2	50	12.9	0.25	60	20	5	914.43
10	30	3	3.2	100	12.9	0.25	60	20	5	920.08
11	30	3	3.2	150	12.9	0.25	60	20	5	863.25
12	30	3	3.2	40	12.9	0.25	60	20	5	867.69
13	30	3	3.2	40	22.9	0.25	60	20	5	852.79
14	30	3	3.2	40	32.9	0.25	60	20	5	849.47
15	30	3	3.2	40	12.9	0.15	60	20	5	837.69
16	30	3	3.2	40	12.9	0.20	60	20	5	865.36
17	30	3	3.2	40	12.9	0.25	60	20	5	867.69
18	30	3	3.2	40	12.9	0.25	1	20	5	912.14
19	30	3	3.2	40	12.9	0.25	10	20	5	867.69
20	30	3	3.2	40	12.9	0.25	100	20	5	865.13
21	30	3	3.2	40	12.9	0.25	60	10	5	689.04
22	30	3	3.2	40	12.9	0.25	60	15	5	811.17
23	30	3	3.2	40	12.9	0.25	60	20	5	867.69
24	30	3	3.2	40	12.9	0.25	60	20	3	750.60
25	30	3	3.2	40	12.9	0.25	60	20	5	867.69
26	30	3	3.2	40	12.9	0.25	60	20	7	909.09
27	15	3	3.2	40	12.9	0.25	60	20	5	658.90
28	30	3	3.2	40	12.9	0.25	60	20	5	798.55
29	45	3	3.2	40	12.9	0.25	60	20	5	736.54

　　针对同一因素，对比了不同水平下累产油量的增幅，水平的改变导致累产油变化幅度由大至小依次：孔长（25.93%）、径向井方位角（21.19%）、孔径（21.12%）、排量（16.99%）、水平地应力差（15.78%）、压裂液黏度（11.03%）、储层渗透率（5.43%）、岩石泊松比（3.58%）、岩石杨氏模量（2.14%）。对比结果说明，径向井孔长参数的改变对产能的影响最明显，方位角次之；对产能影响最不明显的为杨氏模量的变化，这与上文通过引导因子分析径向井引导水力裂缝的影响能力的结果有所不同。引导因子在评价引导效果时无法考虑水力裂缝与剩余油区域的分布规律，两者的评价标准不同，因此，会出现一定的差别。这也体现出了对径向井压裂的水力裂缝进行产能评价的重要性（注：为了便于考虑裂缝形态对产能的影响情况，上下文所有产能模型的渗透率皆为 $60×10^{-3}\ \mu m^2$）。

6.2.5　多孔径向井引导水力裂缝产能评价

　　同理，对多孔径向井引导水力裂缝的累产油量进行分析，发现所有因素当中，当储层渗透率为 $1×10^{-3}\ \mu m^2$ 时，12 年内四口井的累产油量为 1135.23m³，是多孔因素中累产油量最高值，相比不钻径向井直接压裂水力裂缝累产油（488.89m³）高 132.21%。说明较低渗透的储层能够最有效的发挥径向井的引导作用（注：同样为了便于单因素产能比较，所有产能模型的渗透率同单孔径向井模型一样，皆取 $60×10^{-3}\ \mu m^2$）。累产油量提升幅度最小的参数——径向井方位角 15° 的情况，其累产油量为 670.72m³，相比不钻径向井直接压裂，水力裂缝累产油量仅高出 37.19%。其他参数的改变对累产油的影响见表 6-6。

　　对比表 6-5 中单孔径向井引导水力裂缝累产油计算结果（序号 29）与表 6-6 中多孔径向井引导水力裂缝累产油计算结果（序号 1）以及未受径向井引导的 F 水力裂缝累产油结果。研究发现，在储层参数和径向井参数相同的情况下，多孔径向井引导的水力裂缝 11 年累产油量为 1061.71m³，单孔径向井引导的水力裂缝 11 年累产油量为 736.54m³，未受径向井引导的 F 水力裂缝 11 年累产油量为 488.89m³。说明多孔径向井相比单孔径向井引导水力裂缝产能更高。多孔径向井更有助于引导水力裂缝向剩余油区域扩展，易于达到增产的目的。

表 6-6　多孔径向井引导水力裂缝产能预测结果

序号 \ 水平 (因子)	相位角/(°)	压差/MPa	排量/(m³/min)	黏度/mPa·s	杨氏模量/GPa	泊松比	渗透率/×10⁻³μm²	孔长/m	孔径/mm	孔距/m	累产油量/m³
1	45	3	3.2	40	12.9	0.25	60	20	5	0.5	1061.71
2	45	6	3.2	40	12.9	0.25	60	20	5	0.5	1057.01
3	45	9	3.2	40	12.9	0.25	60	20	5	0.5	1042.89
4	45	12	3.2	40	12.9	0.25	60	20	5	0.5	981.73
5	45	5	3	40	12.9	0.25	60	20	5	0.5	1022.50
6	45	5	6	40	12.9	0.25	60	20	5	0.5	1092.49
7	45	5	9	40	12.9	0.25	60	20	5	0.5	1093.47
8	45	5	12	40	12.9	0.25	60	20	5	0.5	1114.64
9	45	5	3.2	1	12.9	0.25	60	20	5	0.5	1095.82
10	45	5	3.2	50	12.9	0.25	60	20	5	0.5	1108.17
11	45	5	3.2	100	12.9	0.25	60	20	5	0.5	1042.50
12	45	5	3.2	150	12.9	0.25	60	20	5	0.5	1013.49
13	45	5	3.2	40	12.9	0.25	60	20	5	0.5	1061.71
14	45	5	3.2	40	22.9	0.25	60	20	5	0.5	1071.12
15	45	5	3.2	40	32.9	0.25	60	20	5	0.5	1081.51
16	45	5	3.2	40	12.9	0.15	60	20	5	0.5	1100.53
17	45	5	3.2	40	12.9	0.20	60	20	5	0.5	1090.92
18	45	5	3.2	40	12.9	0.25	60	20	5	0.5	1061.71

续表

序号\因子水平	相位角/(°)	压差/MPa	排量/(m³/min)	黏度/mPa·s	杨氏模量/GPa	泊松比	渗透率/×10⁻³μm²	孔长/m	孔径/mm	孔距/m	累产油量/m³
19	45	5	3.2	40	12.9	0.25	1	20	5	0.5	1135.23
20	45	5	3.2	40	12.9	0.25	10	20	5	0.5	1115.62
21	45	5	3.2	40	12.9	0.25	100	20	5	0.5	1041.13
22	45	5	3.2	40	12.9	0.25	60	10	5	0.5	897.87
23	45	5	3.2	40	12.9	0.25	60	15	5	0.5	991.14
24	45	5	3.2	40	12.9	0.25	60	20	5	0.5	1061.71
25	45	5	3.2	40	12.9	0.25	60	20	3	0.5	1052.30
26	45	5	3.2	40	12.9	0.25	60	20	5	0.5	1061.71
27	45	5	3.2	40	12.9	0.25	60	20	7	0.5	1113.47
28	15	5	3.2	40	12.9	0.25	60	20	5	0.5	670.72
29	45	5	3.2	40	12.9	0.25	60	20	5	0.5	1061.71
30	75	5	3.2	40	12.9	0.25	60	20	5	0.5	898.23
31	90	5	3.2	40	12.9	0.25	60	20	5	0.5	719.11
32	45	5	3.2	40	12.9	0.25	60	20	5	0.5	1061.71
33	45	5	3.2	40	12.9	0.25	60	20	5	0.8	1047.60
34	45	5	3.2	40	12.9	0.25	60	20	5	1	1042.89

　　针对同一因素，对比了不同水平下累产油量的增幅，水平的改变导致累产油变化幅度由大至小依次：径向井排方位角(54.37%)、径向井排孔长(18.25%)、压裂液黏度(9.34%)、储层渗透率(9.04%)、压裂液排量(9.01%)、水平地应力差(8.15%)、径向井排孔径(5.81%)、岩石泊松比(3.66%)、岩石杨氏模量度(9.34%)、储层渗透率(9.04%)、压裂液排量(9.01%)、水平地应力差(8.15%)、径向井排孔径(5.81%)、

岩石泊松比（3.66%）、岩石杨氏模量（1.86%）、径向井排孔间距（1.80%）。

对比结果说明，径向井排方位角的改变对产能的影响最明显，孔长次之；对产能影响最不明显的为孔间距的变化，这与上文通过引导因子分析径向井排引导水力裂缝的影响能力的结果有所不同。同时发现，绝大部分产能计算结果可以反映出径向井排引导水力裂缝的效果，这与引导因子对水力裂缝的评价基本一致；个别结果出现分歧，例如，径向井方位角排为15°时，径向井排表现出极强的引导效果和较小的引导因子，而产能评价结果显示15°方位角径向井排引导水力裂缝产能最低。分析原因认为，引导因子在评价引导效果时无法考虑水力裂缝与剩余油区域的分布规律，因此出现误差。

6.3　本章小结

（1）相同参数情况下，数值模拟结果显示，多孔径向井（径向井井排）相比单孔径向井引导水力裂缝效果更明显，产能更高。说明多孔径向井引导的水力裂缝扩展路径更易于达到增产的目的。

（2）单孔径向井水力压裂产能预测过程中，针对同一因素，对比了不同水平下累产油量的增幅，水平的改变导致累产油变化幅度由大至小依次：径向井孔长（25.93%）、径向井方位角（21.19%）、径向井孔径（21.12%）、压裂液排量（16.99%）、水平地应力差（15.78%）、压裂液黏度（11.03%）、储层渗透率（5.43%）、岩石泊松比（3.58%）、岩石杨氏模量（2.14%）。

（3）多孔径向井水力压裂产能预测过程中，针对同一因素，对比了不同水平下累产油量的增幅，水平的改变导致累产油变化幅度由大至小依次：径向井排方位角（54.37%）、径向井排孔长（18.25%）、压裂液黏度（9.34%）、储层渗透率（9.04%）、压裂液排量(9.01%)、水平地应力差(8.15%)、径向井排孔径(5.81%)、岩石泊松比(3.66%)、岩石杨氏模量(1.86%)、径向井排孔间距(1.80%)。

(4) 单孔径向井模型中,30°方位角单孔径向井引导水力裂缝的累产油为 798.55m³,高于 45°和 15°方位角单孔径向井引导水力裂缝的累产油量,说明单孔径向井引导水力裂缝的最优方位角在 30°左右,并不是径向井方位角越大越好。而多孔径向井引导的水力裂缝在相同情况下,呈现出优于单孔径向井的增产效果,进一步说明增加孔数有助于水力裂缝产能的提高。

(5) 绝大部分产能计算结果可以反映出径向井引导水力裂缝的效果,这与引导因子对水力裂缝的评价基本一致,个别结果出现分歧。分析原因认为引导因子在评价引导效果时无法考虑水力裂缝与剩余油区域的分布规律,因此,会出现误差,通过产能预测对径向井引导水力裂缝的经济效益进行评价,可有效地弥补引导因子评价中的不足。

第 7 章　结论及建议

7.1　结论

（1）压力波的传递速度实验结果显示：数值计算结果与实验结果平均误差约为 7.73%，说明压力波传递数学模型准确性较高。考虑径向井井眼长度一般小于 100m，相比所求压力波速非常小，可认为压力波瞬间传达至径向井指端，即认为压裂液（前置液）中压力分布从径向井根部到趾端近似相等，此结论是后续起裂建模中径向井内前置液压力设计的理论依据。

（2）正断层地应力机制下，随着径向井方位角、储层渗透率、岩石杨氏模量的增加和径向井孔长、孔径、水平地应力差值以及岩石泊松比的减小，起裂压力逐步增加，反之亦然。走滑断层地应力机制下，随着径向井孔长、孔径、径向井方位角、渗透率、杨氏模量的增加和水平地应力差、泊松比的减小，起裂压力逐步增加，反之亦然。

（3）对比正断层与走滑断层应力机制下各因素的平均起裂压力，发现除水平地应力差与径向井方位角因素外，其他因素在正断层情况下的平均起裂压力比皆比走滑断层下的起裂压力要高，说明走滑断层中起裂压力对水平地应力差与径向井方位角因素较敏感。

（4）对于正断层或走滑断层应力机制来说，设定参数范围内，起裂点位置位于径向井根部距直井井壁 0.499m 处。相比几十米长的径向井来说，可认为水力裂缝在径向井根部起裂，这个结论是后续裂缝扩展建模中初始裂缝定位的理论依据。

（5）考虑流-固耦合效应，利用扩展有限元方法研究了三维径向井水力压裂裂缝扩展规律。分析了单径向井水力压裂过程中9种储层参数或者施工参数对水力裂缝扩展路径的影响规律。9种因素对单径向井引导水力裂缝的影响能力由大至小的顺序为：水平地应力差值、径向井方位角、径向井孔径、径向井孔长、压裂液排量、岩石杨氏模量、储层渗透率、压裂液黏度、岩石泊松比。同理，分析了10种储层参数或者施工参数对多孔径向井引导水力裂缝的影响能力由大至小的顺序为：径向井排方位角、压裂液排量、水平地应力差、岩石杨氏模量、压裂液黏度、径向井井径、径向井间距、储层渗透率、径向井长度、岩石泊松比。

（6）通过对单孔径向井与多孔径向井产生的水力裂缝产能进行预测和评价。分析单孔径向井水力压裂产能预测结果发现，对比每个因素不同水平的累产油量，水平的改变导致累产油变化幅度由大至小依次：径向井孔长、径向井方位角、径向井孔径、压裂液排量、水平地应力差、压裂液黏度、储层渗透率、岩石泊松比、岩石杨氏模量。说明孔长的增加对单孔径向井水力压裂模型产量提高效果最明显。分析多孔径向井水力压裂产能预测结果发现，对比每个因素不同水平的累产油量，水平的改变导致累产油变化幅度由大至小依次：径向井排方位角、径向井排孔长、压裂液黏度、储层渗透率、压裂液排量、水平地应力差、径向井排孔径、岩石泊松比、岩石杨氏模量、径向井排孔间距。说明径向井排方位角的增加对多孔径向井水力压裂模型产量提高效果最明显。通过产能预测对径向井引导水力裂缝的经济效益进行评价，可有效地弥补引导因子评价中的不足。

7.2　建议

影响径向井排引导水力裂缝的效果的因素除书中所述还有很多，比如储层非均质性、储层孔隙度等参数以及其他施工参数比如压裂液的温度、支撑剂目数等，本书旨在提供一种新思路和新方法，通过径向井排可以对水力裂缝产生引导作用，致使水力裂缝扩展到有利区域，提高压裂施工效率和油田采收率。因此，建议后续研究者针对其他参数可开展相应的研究。

参 考 文 献

[1] Dickinson W, Dykstra H, Nees I M et al. The ultra-short radius radial system applied to thermal recovery of heavy oil[J]. SPE 24087, 1992.

[2] 吴德元, 沈忠厚. 一种新型高压水力喷射超短半径水平井钻井系统[J]. 石油大学学报, 1994, 18(2): 128-130.

[3] Li Y H, Wang C J, Shi L H, et al. Application and development of drilling and completion of the ultra short-radius radial well by high pressure jet flow techniques[J]. SPE 64756, 2000.

[4] 刘衍聪, 岳吉祥, 陈勇, 等. 超短半径水平井钻杆弯曲转向建模与阻力仿真研究[J]. 塑性工程学报, 2006, 13(2): 102-109.

[5] Mark D. Mueller, John C. McClellan, et al. Downhole Tube Turning Tool[P]. UnitedStates Patent: 5, 469, 925, 1995-11-28.

[6] W. Dickinson, R. R. Anderson, R. W. Dickinson. et al. A Second-Generation Horizontal Drilling System[J]. IADC/SPE 1986 Drilling Conference, 1986: 672-678.

[7] Li Yonghe, Wang Chunjie, Shi Lianhai, et al. Application and Developmentof Drilling and Completion of the Ultrashort-radius Radial Well by High Pressure Jet FlowTechniques[J]. SPE64756, 2000: 1-5.

[8] 杨永印, 杨海滨, 王瑞和, 等. 超短半径辐射分支水平钻井技术在韦5井的应用[J]. 石油钻采工艺, 2006, 28(2): 11-14.

[9] Bentley P J D, Jiang H, Megorden M. Improving hydraulic fracture geometry by directional drilling in a coal seam gas formation[J]. SPE 167053, 2013.

[10] 鲜保安, 夏柏如, 张义等. 开发低煤阶煤层气的新型径向水平井技术[J]. 煤田地质与勘探, 2010, 38(4): 25-29.

[11] 吴刚. 径向钻井技术开发沁水盆地煤层气工艺研究[J]. 中国煤炭, 2012, 38(1): 9-12.

[12] 李春芹. 水力喷射径向井技术在薄互层特低渗透油藏开发中的应用[J]. 石油天然气学报, 2012, 34(03X): 265-268.

[13] Michael Patrick Megorden, Jiang H, Philip James Darley Bentley

Improving hydraulic fracture geometry by directional drilling in a coal seam gas formation[J]. SPE 167053, 2013.

[14] 王鹏. 径向水射流射孔辅助压裂技术分析[J]. 科技传播, 2013, 3: 54-55.

[15] 周光泉. 压力波在可变形薄壁水管中的传播[J]. 水动力学研究与进展, 1991, 6(2): 17-19.

[16] F. T. Brown. The Transient Response of Fluid Lines[J]. Trans ASME, Ser D, Vol84, No.4, Dec, 1962: 547-548.

[17] 山口健二, 市川常雄. 油压管路油击作用的过渡应答[J]. 日本机械学会论文集, 1998, 38(306): 329-339.

[18] 蔡亦钢, 盛敬超, 路甬祥. 液压油中压力波传递速度特性的研究[J]. 浙江大学学报(流体传动与控制专辑), 1998: 50-52.

[19] Guillaume Vinay, Anthony Wachs, Jean-Francois. Agassant Numerical Simulation of Weakly Compressible Bingham Flows: The Restart of Pipeline Flows of Waxy Crude Oils[J]. J. Non-Newtonian Fluid Mech. 136 (2006)93-105.

[20] ZHANG Guozhong, XIAO Wentao, Liu Gang. The Initial Startup Wave Velocity in Isothermal Pipeline with Compressible Gelled Crude Oil [J]. SPE-163050-PA.

[21] 肖文涛, 张国忠, 刘刚, 等. 胶凝原油管道恒流量启动过程中的启动波速[J]. 石油学报, 2012, 33(3): 487-490.

[22] Carl Montgomery. Fracturing Fluids[J]. SPE-ISRM-ICHF-2013-035.

[23] R. G. van de Ketterij, C. J. de Pater. Experimental Study on the Impact of Perforations on Hydraulic Fracture Tortuosity[J]. SPE 38149, 1997.

[24] HUANG Zhong wei, LI Gensheng. Experimental study on effects of hydrau-perforation parameters on initial fracturing pressure[J]. Journal of China University of Petroleum, 2007, 31(6): 48-54.

[25] T. P. Lhomme, C. J. de Pater, P. H. Helfferich. Experimental Study of Hydraulic Fracture Initiation in Colton Sandstone [J]. SPE/ISRM 78187, 2002.

[26] Luo Tianyu, Guo Jianchun, Zhao Jinzhou, et al. Study on fracture

initiation pressure and fracture starting point in deviated wellbore with perforations[J]. Acta Petrolei Sinica, 2007, 1(28): 139-142.

[27] Zhu Haiyan, Deng Jingen, Liu Shujie, et al. A prediction model for the hydraulic fracture initiation pressure in oriented perforation [J]. Acta Petrolei Sinica, 2013, 3(34): 556-562.

[28] Zhu H, Guo JC, Zhao X, et al. Hydraulic fracture initiation pressure of anisotropic shale gas reservoirs [J]. GEOMECHANICS AND ENGINEERING, 2014, 4(7): 403-430.

[29] ZHUANG Zhaofeng, HANG Shicheng, WANG Bojun, et al. The Influence of Perforation in Fracturing Pressure and Fracture Geometry by Numerical Simulation [J]. Journal of Southwestern Petroleum Institute. Natural Science Edition, 2008, 4(30): 141-144.

[30] Salehi,S, Nygaard, R. Full Fluid-Solid Cohesive Finite-Element Model to Simulate Near Wellbore Fractures [J]. JOURNAL OF ENERGY RESOURCES TECHNOLOGY-TRANSACTIONS OF THE ASME, 2015, 137(1).

[31] BIAO Fangjun; LIU He; ZHANG Jin, et al. A numerical study of fracture initiation pressure under helical perforation conditions [J]. Journal of University of Science and Technology of China, 2011, 3(41): 219-226.

[32] Bentley P J D, Jiang H, Megorden M. Improving hydraulic fracture geometry by directional drilling in a coal seam gas formation [R]. SPE 167053, 2013.

[33] XIAN Baoan, XIA Bairu, ZHANG Yi, et al. Technical analysis on radial horizontal well for development of coalbed methane of low coal rank [J]. COAL GEOLOGY & EXPLORATION, 2010, Vol.38, No.4: 25-29.

[34] WU Gang. Process study on radial drilling technology to exploit CBM in Qingshui basin[J]. China Coal, 2012, 38(1): 9-12.

[35] 小林秀男, 郭润良. 用静力破碎剂破碎岩石时控制岩石断裂面方向研究[J]. 爆破, 1987, (2): 72-79.

[36] 李忠辉, 宋晓艳, 王恩元. 石门揭煤静态爆破致裂煤层增透可行性研

究[J].采矿与安全工程学报，2011，201(1)：28.

[37] WEI J, ZHU W, WEI C, et al. NUMERICAL SIMULATION ON CONTRIBUTION OF GUIDE - HOLE TO CRACK COALESCENCE OF TWO BOREHOLES[J]. Engineering Mechanics, 2013, 5：054. Crack - oriented Mechanism and Method for Hydraulic Fracturing in Coal Mine.

[38] Liu Y, Liu X. Crack - oriented Mechanism and Method for Hydraulic Fracturing in Coal Mine[J]. DISASTER ADVANCES, 2013, 6：59-66.

[39] 夏彬伟，胡科，卢义玉等．井下煤层水力压裂裂缝导向机理及方法[J].重庆大学学报，2013，36(9)：8-13.

[40] Lekontsev Y M, Sazhin P V. Application of the directional hydraulic fracturing at Berezovskaya Mine[J]. Journal of Mining Science, 2008, 44(3)：253-258.

[41] Zhu H Y, Deng J, Jin X, et al. Hydraulic Fracture Initiation and Propagation from Wellbore with Oriented Perforation[J]. Rock Mechanics and Rock Engineering, 2015, 48(2)：585-601.

[42] 姜浒，刘书杰，何保生，等．定向射孔对水力压裂多裂缝形态的影响实验[J].天然气工业，2014，34(2)：66-70.

[43] 雷鑫，张士诚，许国庆，等．射孔对致密砂岩气藏水力压裂裂缝起裂与扩展的影响[J].东北石油大学学报，2015，39(2)：94-101.

[44] Fallahzadeh S H, Rasouli V, Sarmadivaleh M. An investigation of hydraulic fracturing initiation and near-wellbore propagation from perforated boreholes in tight formations[J]. Rock Mechanics and Rock Engineering, 2015, 48(2)：573-584.

[45] 张广清，陈勉．定向射孔水力压裂复杂裂缝形态[J].石油勘探与开发，2009 36(1)：103-107.

[46] Chen M, Jiang H, Zhang G Q, et al. The experimental investigation of fracture propagation behavior and fracture geometry in hydraulic fracturing through oriented perforations [J]. Petroleum Science and Technology, 2010, 28(13)：1297-1306.

[47] Zhang G, Lu H, Zhao W. Branch Fractures in Oriented Hydraulic Fracturing, Modeling, and Experiments [J]. Energy Sources, Part A：

Recovery, Utilization, and Environmental Effects, 2014, 36 (5): 563-573.

[48] Martynyuk P A, Sher E N. Development of a crack created by hydraulic fracturing in a compressed block structure rock [J]. Journal of mining science, 2010, 46(5): 510-515.

[49] 문홍주, Ryul, Shin Sung, et al. A Study on the Model for Effective Hydraulic Fracturing by Using Guide Hole. Journal of Korean Society For Rock Mechanics 12/2014 24(6): 440-448.

[50] 崔传智. 水平井产能预测的方法研究[D]. 北京：中国石油大学(北京), 2005.

[51] Mercer J C, Pratt III H R. Infill drilling using horizontal wells: A field development strategy for tight fractured formations[C]. SPE Gas Technology Symposium. Society of Petroleum Engineers, 1988.

[52] Tinsley J M, Williams Jr J R, Tiner R L, et al. Vertical fracture height-its effect on steady-state production increase[J]. Journal of Petroleum Technology, 1969, 21(05): 633-638.

[53] Raymond L R, Binder Jr G G. Productivity of wells in vertically fractured, damaged formations [J]. Journal of Petroleum Technology, 1967, 19 (01): 120-130.

[54] Soliman M Y, Boonen P. Review of Fractured Horizontal Wells Technology [J]. Directional Drilling, 1997: 11-27.

[55] Cvetkovic B, Halvorsen G, Sagen J, et al. Modelling the productivity of a multifractured - horizontal well [C]. SPE Rocky Mountain Petroleum Technology Conference. Society of Petroleum Engineers, 2001.

[56] Zerzar A, Bettam Y. Interpretation of multiple hydraulically fractured horizontal wells in closed systems[C]. Canadian International Petroleum Conference. Petroleum Society of Canada, 2004.

[57] Zerzar A, Tiab D, Bettam Y. Interpretation of multiple hydraulically fractured horizontal wells [C]. Abu Dhabi International Conference and Exhibition. Society of Petroleum Engineers, 2004.

[58] Guo J, Zeng F, Zhao J, et al. A new model to predict fractured horizontal

well production ［ C ］ . Canadian International Petroleum Conference. Petroleum Society of Canada，2006.

［59］ Guo B，Yu X. A Simple and accurate mathematical model for predicting productivity of multifractured horizontal wells ［ C ］. CIPC/SPE Gas Technology Symposium 2008 Joint Conference. Society of Petroleum Engineers，2008.

［60］ Gilbert J，Barree R，Gilbert J，et al. Production Analysis of Multiply Fractured Horizontal Wells［C］. Spe Rocky Mountain Petroleum Technology Conference. Society of Petroleum Engineers，2009.

［61］ Brown M L，Ozkan E，Raghavan R S，et al. Practical Solutions for Pressure－Transient Responses of Fractured Horizontal Wells in Unconventional Shale Reservoirs ［ J ］ . Spe Reservoir Evaluation & Engineering，2009，14(06)：663-676.

［62］ Yuan H，Zhou D. A New Model for Predicting Inflow Performance of Fractured Horizontal Wells［C］. SPE Western Regional Meeting. Society of Petroleum Engineers，2010.

［63］ Lian P Q，Cheng L S，Cui J Y. A new computation model of fractured horizontal well coupling with reservoir ［ J ］ . International Journal for Numerical Methods in Fluids，2011，67(8)：1047 – 1056.

［64］ Sennhauser E S，Wang S，Liu M X. A practical numerical model to optimize the productivity of multistage fractured horizontal wells in the cardium tight oil resource ［ C ］ . Canadian Unconventional Resources Conference. Society of Petroleum Engineers，2011.

［65］ Hao M，Hu Y，Liu X，et al. Predicting and optimizing the productivity of multiple transverse fractured horizontal wells in ultra－low permeability reservoirs ［ C ］ . IPTC 2013：International Petroleum Technology Conference. 2013.

［66］ Xu Y G，Li X W，Liao R Q，et al. Productivity Analysis of Fractured Well in Tight Oil Reservoir ［ C ］//Advanced Materials Research. 2014，893：712-715.

［67］ 蒋廷学，郎兆新，单文文，等 . 低渗透油藏压裂井动态预测的有限元

方法[J]. 石油学报，2002，23(5)：53-58.

[68] 汪永利，蒋廷学，曾斌. 气井压裂后稳态产能的计算[J]. 石油学报，2003，24(4)：65-68.

[69] 孟红霞，陈德春，黄新春，等. 水力压裂油井产能计算模型[J]. 河南石油，2005，19(4)：33-35.

[70] 张伟东，杨铁军，蒋廷学，等. 保角变换法用于计算压裂井产能[J]. 油气地质与采收率，2003，10(B08)：81-82.

[71] 张学文，方宏长，裘怿楠，等. 低渗透率油藏压裂水平井产能影响因素[J]. 石油学报，1999，20(4)：51-55.

[72] 陈伟，谢军. 水平裂缝压裂井试井分析[J]. 油气井测试，2000，9(3)：8-11.

[73] 蒋廷学，单文文，杨艳丽. 垂直裂缝井稳态产能的计算[J]. 石油勘探与开发，2001，28(2)：61-63.

[74] 宁正福，韩树刚，程林松，等. 低渗透油气藏压裂水平井产能计算方法[J]. 石油学报，2002，23(2)：68-71.

[75] 韩树刚，程林松，宁正福. 气藏压裂水平井产能预测新方法[J]. 中国石油大学学报(自然科学版)，2002，26(4)：36-39.

[76] 岳建伟，段永刚，陈伟，等. 含多条垂直裂缝的压裂气井产能研究[J]. 大庆石油地质与开发，2004，23(3)：46-48.

[77] 李廷礼，李春兰，吴英，等. 低渗透油藏压裂水平井产能计算新方法[J]. 中国石油大学学报(自然科学版)，2006，30(2)：48-52.

[78] 徐严波，齐桃，杨凤波，等. 压裂后水平井产能预测新模型[J]. 石油学报，2006，27(1)：89-91.

[79] 曾凡辉，郭建春，徐严波，等. 压裂水平井产能影响因素[J]. 石油勘探与开发，2007，34(4)：474-477.

[80] 高海红，曲占庆，赵梅. 压裂水平井产能影响因素的实验研究[J]. 西南石油大学学报(自然科学版)，2008，30(4)：73-76.

[81] 吕志凯，刘广峰，何顺利，等. 裂缝形态对水平井产能影响的有限元法研究[J]. 科学技术与工程，2010，10(25)：6166-6171.

[82] 牛栓文，崔传智，陈翰. 低渗透油藏压裂水平井产能预测研究[J]. 科学技术与工程，2013，13(3)：584-587.

［83］李龙龙，姚军，李阳，等．分段多簇压裂水平井产能计算及其分布规律［J］．石油勘探与开发，2014，41(4)：457-461.

［84］张芮菡，张烈辉，卢晓敏，等．低渗透裂缝性油藏压裂水平井产能动态分析［J］．科学技术与工程，2014，14(16)：41-48.

［85］曲占庆，杨阳，路辉，等．径向井远端压裂产能计算模型及应用［J］中南大学学报(自然科学版)，2014，45(7)：2289-2294.

［86］Conrad N, Daneshy A A. Fluid pressure variations during hydraulic fracturing［J］. 19th Mackay Sch. Mines and US Nat. Comm. Rock Mech. of the Nat. Acad. Sci./Nat. Res. Counc. US Rock Mech. Symp, 1978.

［87］刘洪升，王栋．ZY-9601低损害压裂预前置液的研究与应用［J］．断块油气田，1999(3)：57-59.

［88］Montgomery C. Fracturing fluids［C］. ISRM International Conference for Effective and Sustainable Hydraulic Fracturing. International Society for Rock Mechanics, 2013.

［89］姚海晶．压裂施工中前置液用量计算方法研究［J］．大庆石油地质与开发，2007，26(6)：107-109.

［90］Xianghui Chen, Ying Tsang, Hong – Quan Zhang. Pressure – Wave Propagation Technique for Blockage Detection in Subsea Flowlines［J］. 2007, SPE：110570-MS：111-115.

［91］Najeem Adeleke, Mku Thaddeus Ityokumbul, Michael Adewumi. Blockage Detection and Characterization in Natural Gas Pipelines by Transient Pressure – Wave Reflection Analysis［J］. 2012, SPE：160926 – PA：122-125.

［92］李兆敏，蔡国琰．非牛顿流体力学［M］．东营：石油大学出版社，1998.

［93］林建忠，阮晓东，陈邦国等．流体力学［M］．北京：清华大学出版社，2005.

［94］Lynn D. Mullins. Application of Finite Difference Methods to Analogue Computational Techniques［J］. 1992, SPE-857-G：124-131.

［95］Dale U. von Rosenberg. Local Mesh Refinement for Finite Difference Methods［C］. 1982, SPE：10974-MS：25-35.

［96］吴望一. 流体力学［M］. 北京：北京大学出版社，2004.

［97］N. W. H. Allsop, D. Vicinanza, M. Calabrese, et al. Breaking Wave Impact Loads On Vertical Faces［C］. 1996, SPE：ISOPE–I–96–186：186–191.

［98］James Glimm, Brent Lindquist, O. A. McBryan, et al. Front Tracking for Petroleum Reservoir Simulation［J］. 1983, SPE–12238–MS：54–63.

［99］吴石，吴云鹏. 压力波传递速度的测量方法［J］. 黑龙江科技学院学报，2004，4(14)：217–220.

［100］劳振花，姜兆波. 液体体积弹性模量与温度关系测量实验研究［J］. 科学技术与工程，2009，2(9)：386–390.

［101］白博峰，黄飞. 两相流压力波传播规律研究［J］. 石油化工设备，2004，33(6)：3–4.

［102］王寅观. 用脉冲法测量超声波的衰减系数［J］. 实验技术与管理，1987，4(2)：24–25.

［103］J. F. Melo, A. N. Pinheiro, C. M. Ramos. Forces on Plunge Pool Slabs：Influence of Joints Location and Width［J］. Journal of Hydraulic Engineering, 2006, 132(1)：49–60.

［104］方波，姜舟，卢拥军，等. 低聚瓜胶压裂液体系流变性及其本构方程［J］. 天然气工业，2008，28(2)：101–103.

［105］Wachs A, Vinay G, Frigaard I. A 1. 5d Numerical Model for the Start Up of Weakly Compressible Flow of A Viscoplastid and Thixotropic Fluid in Pipelines［J］. Journal of Non–Newtonian Fluid Mechanics, 2009, 159：81–94.

［106］Hubbert, M. K., Willis D. G., 1957. Mechanics of hydraulic fracturing. Trans. AIME 210, 153–166.

［107］P. Valko, M. Economides. Hydraulic Fracture Mechanics［M］. USA Texas：Wiley, 1995.

［108］Aadnoy, B. S., Modelling of the stability of highly inclined boreholes in anisotropic rock formations. SPE Drilling Eng., 1988, 259–268.

［109］贾善坡，陈卫忠，于洪丹，等. 泥岩隧道施工过程中渗流场与应力场全耦合损伤模型研究［J］. 岩土力学，2009，30，(1)：19–21.

[110] 王怀玲，徐卫亚，胡永全，等．坝区裂隙岩体渗流场与应力场耦合分析[J]兰州理工大学学报，2004，30(5)：112-114.

[111] 张晓咏，戴自航．应用 ABAQUS 程序进行渗流作用下边坡稳定分析[J]．岩石力学与工程学报，2010，29，增(1)：2927-2934.

[112] 毛昶熙．渗流计算分析与控制[M]．北京：中国水利水电出版社，2003.

[113] 李培超．多孔介质流-固耦合渗流数学模型研究[J]岩石力学与工程学报，2004，V 23(16)：2842-2842.

[114] 费康．ABAQUS 在岩土工程中的应用[M]．北京：中国水利水电出版社，2010.

[115] 岳庆霞，李杰．软件 ABAQUS 在饱和土体动力响应分析中的应用[J]．地震工程与工程振动，2006，26(3)：238-241.

[116] 陈卫忠，伍国军，贾善坡．ABAQUS 在隧道及地下工程中的应用[M]．北京：中国水利水电出版社，2009.

[117] 代汝林，李忠芳，王姣．基于 ABAQUS 的初始地应力平衡方法研究[J]重庆工商大学学报(自然科学版)，2012，29，(9)：77-81.

[118] 王金昌，陈页开．ABAQUS 在土木工程中的应用[M]．杭州：浙江大学出版社，2006.

[119] J. Zhang, F. J. Biao, S. C. Zhang, et al. A numerical study on horizontal hydraulic fracture[J]. Petrol Explor Prod Technol, 2012, 2：7-13.

[120] Bradley C. Abell, Min-Kwang Choi, Laura J. Shear Specific Stiffness of Fractures and Fracture Intersections[C]. the 46th US Rock Mechanics / Geomechanics Symposium, Chicago：American Rock Mechanics Association, 2012：57-63.

[121] D. C. Brooker, B. F. Ronalds. Prediction of Ductile Failure In Tubular Steel Members Using ABAQUS.

[122] 赵永胜，王秀娟，兰玉波，等．关于压裂裂缝形态模型的讨论[J]．石油勘探与开发，2001，28(6)：97-98.

[123] 朱传锐．基于扩展有限元和水平集理论的裂纹扩展问题研究[D]．河南理工大学，2010.

[124] 庄茁．扩展有限单元法[M]．北京：清华大学出版社，2012.

［125］胡乐生．基于细观模型的混凝土开裂过程数值研究［D］．浙江：浙江大学，2011.

［126］陈县辉．基于内聚力单元的层合板低速冲击响应模拟研究［D］．太原：中北大学，2014.

［127］高红，郑颖人，冯夏庭．岩土材料最大主剪应变破坏准则的推导［J］．岩石力学与工程学报，2007，26(3)：518-524.

［128］王孝慧，姚卫星．复合材料胶接结构有限元分析方法研究进展［J］．力学进展，2012，42(5)：562-570.

［129］余天堂．扩展有限单元法—理论应用及程序［M］．北京：科学出版社，2014.

［130］常晓林，胡超，马刚，等．模拟岩体失效全过程的连续-非连续变形体离散元方法及应用［J］．岩石力学与工程学报，2011，30(10)：2004-2011.

［131］牛超颖，贾洪彪，马淑芝，等．基于能量原理与中间主应力效应的新岩石强度准则探讨［J］．长江科学院院报，2015(11).

［132］寇剑锋，徐绯，郭家平，等．黏聚力模型破坏准则及其参数选取［J］．机械强度，2011，33(5)：714-718.

［133］潘林华，程礼军，张士诚，等．页岩储层体积压裂裂缝扩展机制研究［J］．岩土力学，2015，36(1).

［134］彪仿俊．水力压裂水平裂缝扩展的数值模拟研究［D］．合肥：中国科学技术大学，2010.

［135］李录贤，王铁军．扩展有限元法(XFEM)及其应用［J］．力学进展，2005，35(1)：5-20.

［136］彭自强．数值流形方法与动态裂纹扩展模拟［D］．武汉：中国科学院武汉岩土力学研究所，2003.

［137］王敏．基于扩展有限元法的平板模型裂纹扩展研究［D］．大连：大连理工大学，2011.

［138］谢海．扩展有限元法的研究［D］．上海：上海交通大学，2009：11-12.

［139］丁晶．扩展有限元在断裂力学中的应用［D］．南京：河海大学，2007.

[140] Kiss T, Antal M, Solymosy F. An XFEM Cohesive model for debonding in Composites: Nucleation and propagation of cracks[J]. Nucleic Acids Research, 2013, 13(8): 935-945.

[141] 束一秀, 李亚智, 姜薇, 等. 基于扩展有限元的多裂纹扩展分析[J]. 西北工业大学学报, 2015(2): 197-203.

[142] 霍中艳, 郑东健, 钱光旋. 水工混凝土带缝结构渗流场的扩展有限元分析[J]. 人民黄河, 2015(11): 97-102.

[143] Yao Y. Linear Elastic and Cohesive Fracture Analysis to Model Hydraulic Fracture in Brittle and Ductile Rocks[J]. Rock Mechanics & Rock Engineering, 2012, 45(3): 375-387.

[144] 张广明. 水平井水力压裂数值模拟研究[D]. 北京: 中国科学技术大学, 2010.

[145] Cao Y W, Xiang L, Ma L Y, et al. Application Analysis of Vibrating Wheel-Soil Model Based on ABAQUS[J]. Advanced Materials Research, 2013, 644: 366-369.

[146] 张广清, 陈勉, 赵艳波. 新井定向射孔转向压裂裂缝起裂与延伸机理研究[J]. 石油学报, 2008, 29(1): 116-119.

[147] Nagpal G, Uddin M, Kaur A. Grey Relational Effort Analysis Technique Using Regression Methods for Software Estimation[J]. International Arab Journal of Information Technology, 2014.

[148] Cao X. Use of the grey relational analysis method to determine the important environmental factors that affect the atmospheric corrosion of Q235 carbon steel[J]. Anti-Corrosion Methods and Materials, 1954, 62(1): 7-12.

[149] 任龙. 长7超低渗透油藏注水开发数值模拟应用技术研究[D]. 西安: 西安石油大学, 2012.